U0205957

15 LIFE ON LAND

Protect,restore and promote sustainable use of
terrestrial ecosystems

保护、恢复和促进可持续利用陆地生态系统

中国社会科学院创新工程学术出版资助项目

THE GLOBAL GOALS
For Sustainable Development
2030年可持续发展议程研究书系

主　　编：蔡　昉
副 主 编：潘家华　谢寿光
执行主编：陈　迎

陆地生态系统保护与
可持续管理

PROTECT AND PROMOTE
SUSTAINABLE MANAGEMENT
ON TERRESTRIAL ECOSYSTEMS

孙若梅　著

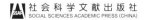社会科学文献出版社
SOCIAL SCIENCES ACADEMIC PRESS (CHINA)

总　序

可持续发展的思想是人类社会发展的产物，它体现着对人类自身进步与自然环境关系的反思。这种反思反映了人类对自身以前走过的发展道路的怀疑和扬弃，也反映了人类对今后选择的发展道路和发展目标的憧憬和向往。

2015 年 9 月 26 ~ 28 日在美国纽约召开的联合国可持续发展峰会，正式通过了《改变我们的世界：2030 年可持续发展议程》，该议程包含一套涉及 17 个领域 169 个具体问题的可持续发展目标（SDGs），用于替代 2000 年通过的千年发展目标（MDGs），是指导未来 15 年全球可持续发展的纲领性文件。习近平主席出席了峰会，全面论述了构建以合作共赢为核心的新型国际关系，打造人类命运共同体的新理念，倡议国际社会加强合作，共同落实 2015 年后发展议程，同时也代表中国郑重承诺以落实 2015 年后发展议程为己任，团结协作，推动全球发展事业不断向前。

2016 年是实施该议程的开局之年，联合国及各国政府都积极行动起来，促进可持续发展目标的落实。2016 年 7 月召开的可持续发展高级别政治论坛（HLPF）通过部长声明，重申论坛要发挥在强化、整合、落实和审评可持续发展目标中的重要作用。中国是 22 个就落实 2030 年可持续发展议程情况进行国别自愿陈述的国家之一。当前，中国经济正处于重要转型期，要以创新、协调、绿色、开放、共享五大发展理念为指导，牢固树立"绿水青山就是金山银山"和"改善生态环境就是发展生产力"的发展观念，统筹推进经济建设、政治建设、文化建设、社会建设和生态文明建设，加快落实可持续发展议程。同时，还要继续大力推进"一带一路"建设，不断深化南南合作，为其他发展中国家落实可持续发展议程提供力所能及的帮助。作为 2016 年二十国集团（G20）主席国，中国将落实 2030 年可持续发展议程作为今年 G20 峰会的重要议题，积极推动 G20 将发展问题置于全球宏观政策协调框架的突出位置。

围绕落实可持续发展目标，客观评估中国已经取得的成绩和未来需要做出的努力，将可持续发展目标纳入国家和地方社会经济发展规划，是当前亟待研究的重大理论和实践问题。中国社会科学院一定要发挥好思想库、智囊团的作用，努力担负起历史赋予的光荣使命。为此，中国社会科学院高度重视 2030 年可持续发展议程的相关课题研究，组织专门力量，邀请院内外知名专家学者共同参与撰写"2030 年可持续发展议程研究书系"（共 18 册）。该研究书系遵照习近平主席"立足中国、借鉴国外，挖掘历史、把握当代，关怀人类、面向未来"，加快构建中国特色哲学社会科学的总思路和总要求，力求秉持全球视野与中国经验并重原则，以中国视角，审视全球可持续发展的进程、格局和走向，分析总结中国可持续发展的绩效、经验和面临的挑战，为进一步推进中国乃至全球可持续发展建言献策。

我期待该书系的出版为促进全球和中国可持续发展事业发挥积极的作用。

王伟光

2016 年 8 月 12 日

摘　要

　　保护、恢复和促进可持续利用陆地生态系统，可持续地管理森林，防治荒漠化，制止和扭转土地退化，阻止生物多样性的丧失，是《改变我们的世界：2030 年可持续发展议程》（本书以下简称《2030 年可持续发展议程》）中的 17 个目标之一。这意味着未来全球的可持续发展必将是以陆地生态系统保护为前提的发展战略，必将是具有更加持久生命力的发展战略。

　　本书意在通过定量刻画我国陆地生态系统的变化和现状，揭示近几十年来我国各陆地生态系统变化的特征；通过梳理和评述我国陆地生态系统保护中采取的可持续管理政策和举措，为全球陆地生态系统保护和实现《2030 年可持续发展议程》的目标提供可借鉴之处。同时，根据数据的可获得性进行国际比较分析。

　　本书的分析框架如下。首先，概述陆地生态系统中的森林生态系统、草原生态系统、土地荒漠化、湿地生态系统和生物多样性保护的基本特征及面临的挑战，分析建立在陆地生态系统保护基础上的可持续发展概念和目标的演进过程，特别关注可持续发展中的生态系统管理的提出和进展。其次，以《2030 年可持续发展议程》的陆地生态系统保护目标中提炼出的可持续性关键判断指标为基础，利用我国及世界各个国家和地区可获得的数据，沿着两条主线重点分析中国陆地生态系统保护的脉络和现状，以及实施的可持续管理举措，并进行部分指标的国际比较。①具体指标：森林覆盖率、草原综合植被盖度和产草量、荒漠化和沙化面积变化、湿地面积变化和湿地率、自然保护区和国家公园的数量和面积。②数据来源：历次森林资源清查数据、草原监测报告数据、土地荒漠化监测数据、湿地调查数据、国家级自然保护研究的二手数据，以及历年《中国统计年鉴》的相关数据。③两条主线：一是森林生态系统、草原生态系统、土地荒漠化、湿地生态系统、自然保护区和生物多样性的变化；二是各陆地生态系统可持续管理中的政策、项目和行动。

全书共七章，主要内容分别是：概述、森林生态系统保护与可持续管理、草原生态系统保护与可持续管理、中国土地荒漠化的状况与可持续管理、湿地生态系统保护与可持续管理、生物多样性保护与可持续管理、主要结论与前景展望。研究得到的主要判断和结论如下。

第一，森林覆盖率变化的特征是：①1984～2014年，我国实现森林覆盖率的持续增长，其间实施的可持续管理政策和项目发挥着重要作用，这对扭转发展中国家和地区森林覆盖率下降的局面有重要意义；②世界各个国家和地区中，森林覆盖率下降的挑战依然严峻；③"一带一路"国家和地区中，呈现森林覆盖率较低的国家占比高的特征，其主要是处于干旱荒漠区的国家占比高所致；④世界上发达经济体的森林覆盖率总体稳定。

第二，我国各省份森林覆盖率与其增长率之间的相关性总体呈现负向变动趋势，即森林覆盖率低的省份增长率更高些。其含义是：森林覆盖率增长的根本制约因素是地带性资源禀赋，对森林覆盖率指标的最重要判断是变化趋势而非比较绝对值；当森林覆盖率与自然资源禀赋条件相匹配时，可持续管理的政策目标是森林覆盖率的稳定性而非长期的持续增长，这也预示着我国的森林覆盖率将趋于稳定。

第三，我国开展的草原生态保护和恢复工程，虽然对于提高草原生态系统质量具有显著的作用，但目前草原生态系统保护和可持续管理中仍面临不少挑战，难点之一是草畜平衡管理。草地生产力随水热条件的变化而变化，存在很大的季节性和跨年度的波动性，这导致按照年度核定的草畜平衡管理方案虽具有战略意义，但操作中面临一些年度或季节性过牧、一些年度或季节性利用不足的现象，无法实现草畜平衡年度管理目标。由此迫切需要将草原管理的重点，从草地生产力监测扩展到草原生态系统健康的监测，实现从年度草畜平衡目标向多年度间波动性平衡的管理目标转变。

第四，土地荒漠化是气候变化和人为活动共同作用而发生的，是陆地生态系统保护和恢复中的重大挑战。进入 21 世纪，我国持续了几十年的荒漠化扩展态势出现扭转，呈缩减趋势，但其缩减情况仍处在脆弱和不稳定状态。土地荒漠化防治既是重大的生态工程，又是重大的社会工程，需要政策和项目的支持，更需要技术和组织的创新。同时，荒漠生态系统是陆地生态系统中的重要类型之一，其功能和服务价值应得到进一步的重视。

第五，虽然我国初步建立起湿地生态系统保护体系，但仍面临保护和恢复湿地生态系统的法律法规基础薄弱、可持续管理的机制亟待健全的挑战。

第六，生物多样性保护意义重大，但是目前仍处于科学研究和认知深化阶段，生物多样性保护任重道远。虽然设立自然保护区是我国生物多样性保护的重要举措，但我国目前按行政级别划分的自然保护区管理体制，使非国家级自然保护区管理陷入困境。事实上，自然保护区应该按照需保护的生态系统的重要性进行分类，而不宜按照行政级别分类，至少地市级和县级保护区应该撤并。

Abstract

One of the Seventeen Sustainable Development Goals (SDGs) of the "2030 Agenda for Sustainable Development" is to protect, restore and promote sustainable use of terrestrial ecosystems, sustainably manage forests, combat desertification, and halt and reverse land degradation and halt biodiversity loss (Goal 15). This indicates that the future global sustainable development will be a development strategy based on the terrestrial ecosystem protection and will be a more lasting sustainable development strategy.

This book is aimed at: a) revealing the features of terrestrial ecosystem changes of China over the past decades, through the quantitative methods characterizing the terrestrial ecosystem changes and the current situation; b) providing reference for the global terrestrial ecosystem protection and realization of the goals stated in the "2030 Agenda for Sustainable Development", through summarizing and commenting on the policies and initiatives of terrestrial ecosystem protection in China. At the same time, the book is intended to provide international comparable analysis based on data availability.

This book is developed as follows. First, this book provides an overview of the basic characteristic and challenges of the forest ecosystem, grassland ecosystem, land desertification, wetland ecosystem and biodiversity conservation inside terrestrial ecosystem, summarizing the sustainable development concept and the evolution of goals based on the construction of terrestrial ecosystem protection, with a special focus on the initiation and progress on the ecosystem management in sustainable development. Second, based on the key indicator criteria from "the Agenda" on the terrestrial ecosystem protection, this book analyzes the framework, the current situation and the implemented sustainable practices through the two main lines and performs international comparison on part of the indicators. Specifically, the key indictors include forest coverage, integrated grassland coverage and grass production, desertification and change of desert area, change of wetland area and wetland rate, the number and area of nature reserves and national parks; the data sources include previous forest resource inventory data, grassland monitoring report data, land desertification monitoring data, wetland survey data, secondary data on national natural reserves research, and relevant data from China Statistical Yearbook over the years; the two main lines refer to: firstly the changes of forest ecosystems, grassland ecosystems, land desertification, wetland ecosystems, natural reserves and biodiversity and secondly the policy, project and actions of sustainable management in various terrestrial ecosystems.

This book is organized as such 7 chapters: a) Overview; b) Protection and sustainable management of the forest ecosystem; c) Protection and sustainable management of the grassland ecosystem; d) Current situation and sustainable management of land desertification in China; e) Protection and sustainable management of wetland ecosystems; f) Protection and sustainable management of biodiversity; g) Main conclusions and prospects. The main findings and conclusions are as follows:

First, the properties of forest coverage in China are: a) From year 1984 to 2014, the forest coverage have been increasing successively, owing majorly to the sustainable management policies and projects implemented during the period, which can provide important reference to reverse the current situation of declining forest coverage in developing countries and regions. b) There is still huge challenge of decline of forest coverage over the globe. c) Of the country and regions in "the Belt and Road", the proportion of low forest coverage is relatively high due to the high proportion of countries and regions in arid desert areas. d) For the developed economies in the world, the overall forest coverages are stable.

Second, the correlations of forest coverage and its growth rate are generally negative in China. That is, the growth rates are higher in the provinces with lower forest coverages, which means that the fundamental constraint of forest coverage is the regional resource endowment and the most important indicator criteria should be based on the changing trend and not on comparing the absolute value. When the forest coverage matches with natural resource endowment, the policy goal of sustainable management is the stability of forest coverage, not the long term growth, indicating that the forest coverage in China will tend to be stable in the future.

Third, China has developed protection and restoration projects on grassland ecosystem, which has significant effect on improving the quality of grassland ecosystem. Yet there are still challenges in the protection and sustainable management of grassland ecosystem, the hardest of which is the balance of grassland and livestock. Because grassland productivity changes with the change of water and heat conditions, there is a lot of seasonal and intertemporal fluctuations. Consequently, although the annual management plan on balancing grass and livestock has strategic significance, there are years or seasonal of overgrazing and years or seasonal of under – utilization in practice, which impairs on achieving the annual management goal. Therefore, it is urgently needed to focus and expand the grassland management from monitoring the grassland productivity to the monitoring of grassland ecosystem healthiness, to realize the transformation from the annual management plan on balancing grass and livestock to the management goal on multiple year volatility balancing.

Fourth, land desertification is caused by the mutual effect of climate change and human activities, which is a major challenge to the protection and restoration of terrestrial ecosystem. In the 21st century, China reversed the trend of expansion of desertification over the decades, but the reduction is still fragile and unstable. The prevention and control of land desertification is not only a major ecological project, but also a major social project, which requires support from policies and programs, and moreover requires technological and organizational innovation. At the same time, desert ecosystem is one of the important types among terrestrial ecosystem, whose function and service value deserve more attention.

Fifth, China has finished the initial steps towards establishing the protection system for wetland ecosystem, but is still facing the challenges of weak law system on the protection and restoration, and the fact that the sustainable mechanism still need to be perfected.

Sixth, biodiversity protection is of great importance, yet it is still in the process of scientific research and deepening understanding in the field. It is a long way to go in protecting biodiversity. The establishment of nature reserves is an important measure in protecting biodiversity in China, but the current natural reserve management system by administrative level has led to a predicament for the management of non – national level natural reserve. In fact, the natural reserves should be classified according to the importance of ecosystem protected, and ideally not by the administrative level. At least, the natural reserve at the municipal level and county level should be dismissed and merged.

目 录
|C O N T E N T S|

第一章　概述

第一节　陆地生态系统概述

一　陆地生态系统构成

1935 年，英国生态学家亚瑟·乔治·坦斯利爵士（Sir Arthur George Tansley）明确提出生态系统的概念。他认为，生态系统是地球表面自然界的基本单位，它们种类繁多，数量迥异。最大的生态系统是生物圈，最为复杂的生态系统是热带雨林生态系统。

生态系统是指由生物群落与无机环境构成的统一整体，包括一个区域内的所有生物有机体之间的关系以及它们与物理（非生物）环境间的相互作用。为了维系自身的稳定，生态系统需要不断输入能量，即生态系统不仅是一个地理单元，而且是一个具有输入和输出功能的系统单位。自然生态系统可分为海洋生态系统和陆地生态系统，陆地生态系统由农田生态系统、森林生态系统、草原生态系统、荒漠生态系统、湿地生态系统构成。其中农田生态系统是人工干预的生态系统。

比较森林、草原和荒漠这三大生态系统的特征可以发现（见表 1-1），其分布特点分别是湿润和较湿润地区、干旱地区、极端干旱地区，其物种特点分别是繁多、较多和一般，其主要植物分别是乔木、草本和灌木，其群落结构分别是复杂、较复杂和相对简单。值得注意是，森林、草原和荒漠生态系统有一定的空间重叠，特别是草原和荒漠的重叠较多。草原和荒漠有多种类型，草原通常分为森林草原（草甸草原）、典型草原和荒漠草原；荒漠分为草原（化）荒漠、典型荒漠和极旱荒漠。但草原和荒漠的植物有差异，草原是以旱生的多年生草本植物为主的植物群落，荒漠是以超旱生的木本或木质化种类（灌木、半灌木、小半灌木等）为主的不郁闭群落。草原和荒漠的自然环境特点是：干旱缺水、寒暑剧变、风大沙多、土壤钙化和盐渍化作用强烈，但程度上荒漠又超过草原。草原很少有林，多以较密的草群覆盖地面；荒漠则植被稀疏，植物之间不相密接。

表1-1 森林、草原、荒漠和湿地生态系统比较

类 型	森林生态系统	草原生态系统	荒漠生态系统	湿地生态系统
分布特点	湿润和较湿润地区	干旱地区、极端干旱地区	极端干旱地区	成片浅水区（包括在低潮时水深不超过6米的水域）
物种	繁多	较多	一般	较多
主要动物	树栖和攀缘生物	有挖洞或快速奔跑特性	快速奔跑特性	水禽、鱼类
主要植物	乔木	草本	灌木、草本	芦苇
群落结构	复杂	较复杂	相对简单	较复杂
种群和群落动态	长期相对稳定	常剧烈变化	剧烈变化	周期性变化
限制因素	一定的生存空间	水、温、光	水	温度
主要功能	人类资源库；改善生态环境	提供大量的肉、奶和毛皮；调节气候，防风固沙	生态屏障，生物种质资源库	水源；调节流量和控制洪水，缓解旱情；消除污染；提供生物资源

资料来源：根据李周等《生态经济学》补充整理，中国社会科学出版社，2015。

二 陆地生态系统的功能

生态系统的特有属性在大自然中发挥着重要的作用，对人类社会具有一定的用途，这些用途可以是直接的，也可以是间接的，这些作用和用途被称为生态系统的功能。生态系统功能的定义有助于评价一个景观内所有生态系统的重要性，有助于生态系统管理者根据可能对生态系统功能造成的影响来采取行动。

第一，森林生态系统的功能。森林是陆地生态系统的主体，森林生态系统的功能表现为自然界中最强大的资源库、基因库和蓄水库，具有调节气候、涵养水源、保持水土、防风固沙、固碳释氧、净化空气、保持生物多样性等多种功能，对改善生态环境、维持生态平衡起着决定性作用。测算表明，森林的生态效益大约为其直接经济效益的 8~10 倍。其功能的具体表现如下。①固碳释氧。绿色植物是二氧化碳的消耗者和氧气的生产者。通常，1 公顷阔叶林每天可以消耗 1000 克的二氧化碳，释放 730 克的氧气。②净化空气。林木在低浓度范围内，吸收各种有毒气体，使被污染的环境得到净化。实验数据显示，1 公顷柳杉林每月可以吸收二氧化碳 60 千克，银杏、洋槐也能吸收二氧化碳。森林吸附尘埃的能力比裸露的土地强 75 倍，例如，1 公顷山毛榉林每年吸附的粉尘为 68 吨。③涵养水源。据研究，林地平均最大蓄水能力是荒地的 30~40 倍。我国现有森林生态系统每年涵养水源量达 5807 亿立方米，相当于近 15 个三峡水库设计库容。因此，保护森林就是保护水资源。①

---

① 张建龙：《为实现中华民族永续发展筑牢生态基础》，中国林业网，http://www.forestry.gov.cn，2016 年 6 月 1 日。

第二，草原和荒漠生态系统的功能。草原和荒漠既是干旱、半干旱地区把太阳能转化为生物能的巨大绿色能源库，也是丰富宝贵的生物基因库。它适应性强、覆盖面积大、更新速度快，具有维持生态平衡、保持水土、防风固沙等环境效益和生产饲料、燃料等多种经济效能。

第三，湿地生态系统的功能。湿地具有多种多样的生态功能，它的价值和多样性得到了重视。①湿地的水文调节作用。湿地像一块吸收地表冲刷物的海绵。水被泥炭吸收，使得土壤体积的80%和质量的90%都来自水。虽然进入湿地的水流量可能因最近一次降水量不同而变化很大，但是保留在湿地中的总水量是相当稳定的，湿地可以暂时储存水。湿地吸收超额水的能力远大于河流，如果流入的水较多，湿地水位上升，这就形成了洪水淹没，但这是一种比较缓慢的过程和可预测的现象。洪水来袭时，湿地可以吸收洪峰流量80%的水，具有良好的调节洪峰的能力。降雨停止后很长一段时间内，湿地保存的洪水仍将继续流出，这种逐渐释放洪水的作用大大缩短了洪水泛滥的时间，而且也有助于减轻干旱对下游水生生态系统的影响。②沼泽在维持生态平衡中具有积极的作用。沼泽具有很高的持水能力，它能够消减洪峰和均化洪水过程，有助于保持区域水平衡的稳定性。积水沼泽可以提高空气湿度，调节气候。沼泽是天然的过滤器，可以净化空气和污水。③湿地与生物多样性。湿地调节水流的不规则性，增加了河流下游的生物多样性，为许多动植物提供了生存和繁衍的场所。据估计，80%在美国繁殖的鸟类和80%生活在沿海水域的鱼类，其生活周期中都会有一段时间生活在湿地中。

第四，生物多样性是生物（动物、植物、微生物）与环境形成的生态复合体以及与此相关的各种生态过程的总和，包括生态系统、物种和基因三个层次。生物多样性是人类赖以生存的条件，是经济社会可持续发展的基础，是生态安全和粮食安全的保障。

三　生态系统的服务价值

生态系统价值，是人类对生态系统用途的评价。随着生态系统价值从科学层面拓展到改善人类福祉的层面，人类对生态系统的研究从科学家专业视角进入经济、社会、政治的广泛领域，对生态系统服务价值的研究逐步深入。生态系统服务价值，是人类从生态系统获得的有形收益和无形收益。生态系统服务概念的重要进展脉络如下。

1970 年，联合国大学发表的《人类对全球环境的影响报告》中首次提出了"生态系统服务功能"概念并列举了生态系统对人类的环境服务功能[1]；1977 年，Westman 提出"自然的服务"概念及其价值评估问题[2]，可视为早期对生态系统服务的研究。

1997 年，生态学家和经济学家都发表了关于生态系统服务价值的文献，开启了对这一问题的研究。其一是康斯坦扎的团队1997 年的研究[3]，将生态系统服务分为 17 类，他以生态学家的背

---

[1]　SCEP（Study of Critical Environmental Problems），*Man's Impact on the Global Environment: Assessment and Recommendations for Action*（Cambridge MA: MIT Press，1970）.

[2]　Westman，W. E.，"How Much are Nature's Services Worth?" *Science* 197（1977）: 960 – 964.

[3]　Costanza，R.，et al.，"The Value of the World's Ecosystem Services and Natural Capital，" *Nature* 387（1997）.

景对全球生态系统服务价值存量进行估计，对生态系统服务价值研究具有开拓意义；其二是戴利 1997 年的研究①，他将生态系统服务分为 13 类，以经济学家的背景解释生态系统服务。

2005 年，联合国发布《千年生态系统评估报告》（Millennium Ecosystem Assessment，简称 MA），国际千年生态系统评估项目组的专家们将生态系统服务划分成供给服务、调节服务、文化服务和支持服务四大类（见表 1 - 2），这一分类被认为是一个重要的发展，该分类有利于开展生态系统服务价值的计量，尽管依然会存在某些类型的服务在计量上的重合。

表 1 - 2　生态系统服务的分类

康斯坦扎分类	戴利分类	千年生态系统评估报告分类
大气调节	缓解干旱	供给服务
气候调节	缓解洪水	调节服务
扰动调节	废物分解	文化服务
水调节	废物解毒	支持服务
水供应	产生和更新土壤	
侵蚀控制	产生和更新土壤肥力	
土壤形成	植物授粉	
营养物循环	农业虫害控制	
废物处理	稳定局部气候	
花粉传授	支持不同的人类文化传统	
生物控制	美学服务	

---

① Daily, H., Daily G. C., *Nature's Services: Societal Dependence on Natural Ecosystems* (Washington D. C.: Island Press, 1997).

康斯坦扎分类	戴利分类	千年生态系统评估报告分类
栖息地	文化服务	
食物生产	娱乐服务	
原材料		
遗传资源		
娱乐服务		
文化服务		

四 陆地生态系统保护面临的挑战

陆地生态系统保护面临的挑战原因是人类利用的度和量与生态系统变化之间的时空不匹配性，换句话说，是经济发展核算尺度与生态系统变化尺度存在差异，例如，在持续的气候变化中，人类行为的不适应性给生态系统造成负面作用。陆地生态系统正面临自然资源的枯竭和环境退化产生的不利影响，包括一些国家和地区的森林覆盖率下降、持续存在的草原退化、土地沙化和荒漠化、生物多样性变化，使人类面临的各种挑战不断增加和日益严重。为此，社会和经济的发展离不开对地球自然资源进行可持续的管理。

第一，森林覆盖率下降。在过去的几十年间，中国的森林覆盖率呈现出稳步上升的态势；与此同时，非洲大陆不少国家的森林覆盖率却是持续下降，部分拉美国家、亚洲国家也出现森林覆盖率下降的现象，数据显示，森林覆盖率下降主要出现在发展中国家。

第二，草原退化。退化性是天然草原的主要经济特征。由于天然草原生态系统的质量决定于气候条件和利用方式，草原植被的盖度、高度和鲜草产量与降水情况具有直接关系，放牧畜牧业生产中如出现与鲜草产量波动性不相适宜的利用方式，便会造成当年的草原过载，持续的或者比较严重的过载会导致草原退化。

第三，土地沙化和荒漠化。荒漠化是气候变化与土壤利用的结果，表现为土地沙化和荒漠化。根据联合国的数据，全球荒漠化土地面积为 3600 万平方公里，每年还在以 5 万~7 万平方公里的速度扩展。[①]

第四，生物多样性变化。生物多样性变化表现为物种的消失和外来物种的入侵。生物多样性受威胁的现状如下。①世界自然基金会发布的《地球生命力报告 2014》显示：仅在过去 40 年间，全球野生动物数量就减少了一半以上，物种灭绝速度已经超过自然灭绝速度的 1000 倍。[②] ②部分生态系统功能不断退化，例如，我国由于利用方式与气候变化共同影响而出现草原退化、内陆淡水生态系统受到威胁以及部分重要湿地退化等现象。③根据全国野生动植物资源调查结果，我国 87.7% 的野生动物种群由于栖息地缩减、割裂、质量下降、被人为活动干扰等原因，生存空间不断受挤压，不少濒危物种的栖息地、鸟类集群活动区域及迁飞通道面临土地开发、农业开垦、环境污染等威胁。

第二节　陆地生态系统与可持续发展议程

一　生态系统保护与可持续发展的演进

生态系统的基本经济特征是，具有与生态平衡相联系的可持

---

① 赵树丛主编《2013 林业重大问题调查研究报告》，中国林业出版社，2014。

② 黄俊毅：《自然保护区已成为我国生物多样性保护最重要的载体——搭建野生物种的"诺亚方舟"》，中国林业网，http://www.forestry.gov.cn，2016 年 6 月 15 日。

续产量，具有与自然极限相联系的生态承载力，这意味着超过可持续产量和生态承载力的行为必将给生态系统带来灾难。

20世纪60年代，农药引起的环境问题引起世界关注；20世纪70年代，经济增长受生态承载力制约成为热点话题。1987年《我们共同的未来》首次将生态系统纳入发展领域，将生物圈保护纳入政策体系和发展议程，以生态系统为基础界定可持续发展的内涵，全面地论证生态系统与人类社会发展的可持续性。提出森林面积减少、土地沙化和荒漠化、生物多样性丧失等问题的延伸，是"发展"的失败和"人类环境管理"的失败；人类环境管理失败的趋势，使生态系统存在改变地球和威胁地球上许多物种的趋势，包括人类的生命。由此，生态系统可持续管理强调需要管理的战略调整，即打破部门战略，将环境管理融入发展战略中（见专栏1-1）。

自20世纪80年代末期起，生态系统保护纳入政策体系，强调环境管理对可持续发展重要性的理念和观点，对世界的可持续发展进程产生了重要和持久的影响。

专栏1-1 可持续发展的概念与生态系统可持续管理 ················

可持续发展是既满足当代人的需求，又不对后代人满足其需求的能力构成危害的发展。它包括两个重要的概念："需求"的概念，尤其是世界上贫困人民的基本需求，应将此放在特别优先的地位来考虑；"限制"的概念，技术状况及社会组织对环境满足眼前和将来需要的能力施加的限制。

人类有能力使发展持续下去，也能保证其满足当前的需要，而不危及下一代满足其需求的能力。可持续发展的概念中包含制约的因素，不是绝对的制约，而是由目前的技术状况和环境资源方面的社会组织造成的制约，以及生物圈承受人类活动影响的能力造成的制约。人们能够对技术和社会组织进行管理和改善，以开辟通向经济发展新时代的道路。

在迎接环境与发展的挑战方面，机构的一大缺陷是，政府未能使损害环境的机构保证其政策能防止环境受破坏。第二次世界大战后，经济的飞速增长导致的环境破坏唤起了人们对环境的关注，各国政府成立了环境部或环保局负责这项工作。许多这类机构在其职能范围内取得了很大成绩，包括改善空气和水的质量，保护资源。但它们已做的大部分工作，都是在损失之后做的必要的修补性工作：植树造林、治理沙漠、改善城市环境、恢复自然生境和原生土地。这些机构的存在给许多政府和人民造成了错觉，即靠这些机构本身，就可以保护和加强环境资源库。

目前的问题是要让中央经济部门和专业部门对因其决策所影响的人类环境各方面的质量负起责任，并赋予环境机构更大的权力处理非持续发展带来的影响。

预防和防止环境破坏，要求在制定政策时，既考虑经济、贸易、能源、农业和其他方面，同时也考虑生态方面。它们应被放在相同的日程上，并由相同的国家和国际机构加以考虑。

根据可持续发展的概念而制定的环境与发展政策的主要目标包括：恢复增长，改变增长的质量，满足就业、粮食、能源、水和卫生的基本需求，保证人口的持续水平，保护和加强资源基础，重新调整技术和控制危险，把环境和经济融合在决策中。

资料来源：世界环境与发展委员会编著《我们共同的未来》，世界知识出版社，1989。

二 环境与发展的"共赢"

1992 年，在巴西里约热内卢召开的联合国环境与发展大会上形成的"21 世纪议程"，将发展中国家的环境与发展纳入联合国的议程中。探索在经济发展的同时实现生态保护，即环境与发展的"双赢"，成为发展中国家追求的目标和政策取向，开始了寻找解决环境与发展这两大难题的策略的征程。

2000 年，联合国发布涵盖 8 个领域的"千年发展目标"：消灭极端贫困和饥饿、普及小学教育、促进两性平等并赋予妇女权利、降低儿童死亡率、改善产妇保健、对抗艾滋病毒、确保环境的可持续能力、全球合作促进发展。在这一"千年发展目标"中将发展中国家反贫困作为重中之重，其目标之七的"确保环境的可持续能力"是在关注环境问题的同时，承载着在发展中国家实现摆脱贫困、发展经济和环境保护"共赢"的理想。

2005 年，联合国正式发布《千年生态系统评估报告》，该报告是由世界卫生组织、联合国环境规划署和世界银行等机构组织开展的国际合作项目，于 2001 年 6 月 5 日"世界环境日"启动，是首次对全球生态系统进行的多层次综合评估。其研究结果显示如下。①过去 60 年来全球开垦的土地比 18～19 世纪的总和还要多；在过去 50 年里，10%～30% 的哺乳动物、鸟类和两栖类动物物种濒临灭绝。②目前人类赖以生存的生态系统有 60% 正处于不断退化状态，地球上近 2/3 的自然资源已经消耗殆尽。③科学家警告说，在未来 50 年内，全球生态系统可能还将继续退化。《千年生态系统评估报告》强调：人类观念的改变是拯救生态的第一要素，不要认为自然资源取之不尽，用之不竭；各国必须制定相关法律，要求所有的经济决策都将自然成本包含在内，通过调整政策和机制，减缓生态系统退化。

环境与发展"共赢"的美好愿望，在发展中国家摆脱贫困和经济增长进程中没有预想的圆满；生态系统退化的现实，让学者和政策制定者们再次开启探索生态系统保护和可持续管理的策略。

三 《2030年可持续发展议程》的具体目标

2015 年，联合国发布《2030 年可持续发展议程》，这个纲领性文件再次关注了可持续发展，首次单独提出陆地生态系统这一专门主题和保护目标，彰显出生态系统管理的重要性、独立性与融合性的统一。《2030 年可持续发展议程》提出：我们决心保护地球生态系统免遭退化，途径包括以可持续的方式进行消费、生产及管理地球的自然资源，并在气候变化问题上紧急采取行动，使地球能够满足今世后代的需求。

在《2030 年可持续发展议程》中，陆地生态系统保护和可持续管理的总目标是：保护、恢复和促进可持续利用陆地生态系统，可持续地管理森林，防治荒漠化，制止和扭转土地退化，阻止生物多样性的丧失。在总目标下，设定的具体目标有 9 个，判断具体目标的识别指标共 13 个（见表 1－3）。这一陆地生态系统保护的目标和识别指标的体系特征是，目标比较具体和识别指标具有可监测性。同时，该议程表达了实现的决心和途径。

第一，实现的决心。我们决心保护和可持续利用海洋、淡水资源以及森林、山麓和旱地，保护生物多样性、生态系统和野生生物。我们还决心加强在荒漠化、沙尘暴、土地退化和干旱问题上的合作，加强灾后恢复能力和减少灾害风险。

第二，实现的途径。①从所有来源中筹集并大幅增加财政资源，以养护和可持续利用生物多样性与生态系统，包括：生物多样性与生态系统方面的官方发展援助和公共支出，以及为可持续森林管理提供资金。②在全球进一步支持为打击偷猎和贩运受保护物种行为做出的努力，包括：加强地方社区寻找可持续谋生手段的能力，降低偷猎和非法贩运在野生生物贸易中的比例。

表 1 - 3　《2030 年可持续发展议程》中陆地生态系统保护的
具体目标和识别指标

序号	具体目标	识别指标
1	到 2020 年，根据国际协议规定的义务，养护、恢复和可持续利用陆地和内陆的淡水生态系统，特别是森林、湿地、山麓和旱地，以及它们提供的便利	指标 1：森林覆盖率，即森林面积占陆地总面积的比例 指标 2：保护区内陆地和淡水生物多样性的重要场地按生态系统类型所占比例 进一步的指标：湿地面积
2	到 2020 年，推动对所有各类森林进行可持续管理，制止森林砍伐，恢复退化的森林，大幅增加全球植树造林和重新造林	指标 1：在可持续管理下的森林覆盖 指标 2：净永久性森林丧失
3	到 2030 年，防治荒漠化，恢复退化的土地和土壤，包括恢复受荒漠化、干旱和洪涝影响的土地，努力建立一个不再发生土地退化的世界	指标 1：已退化土地面积占土地总面积的比例

续表

序号	具体目标	识别指标
4	到 2030 年，养护山地生态系统，包括其生物多样性，以便提高它们产生可持续发展不可或缺的相关惠益的能力	指标 1：山区生物多样性的重要场地的保护面积的覆盖 指标 2：山区绿化覆盖率
5	紧急采取重大行动来减少自然生境的退化，阻止生物多样性的丧失，到 2020 年，保护受威胁物种，不让其灭绝	指标 1：红色名录索引
6	按国际社会的商定，促进公正和公平地分享利用遗传资源产生的惠益，促进适当获取这类资源	指标 1：已通过立法、行政和政策框架确保公正和公平分享惠益的国家数目
7	紧急采取行动，制止偷猎和贩运受保护的动植物物种，解决非法野生动植物产品供求两方面的问题	指标 1：红色名录索引中贸易的物种 指标 2：野生生物贸易中偷猎和非法贩运的比例
8	到 2020 年，采取措施防止引进外来入侵物种，大幅减少这些物种对土地和水域生态系统的影响，控制或去除需优先处理的物种	指标 1：通过有关国家立法和充分资源防止或控制外来入侵物种的国家的比例
9	到 2020 年，在国家和地方的规划工作、发展进程、减贫战略和核算中列入生态系统和生物多样性的价值	指标 1：列入生物多样性和生态系统服务价值的国家发展计划和议程的数量

第三节　中国可持续发展与陆地生态系统保护的进程

中国陆地生态系统的保护战略和行动进程，与国际社会基本同步。在快速的经济增长中，中国陆地生态系统保护的目标可实现性增强，保护的策略逐步清晰，保护的举措更具有可操作性。重要的议程包括：1987 年《中国自然保护纲要》，1994 年《中国 21 世纪议程——中国 21 世纪人口、环境与发展白皮书》，2000 年《全国生态环境保护纲要》，2013 年以来进入生态文明战略布局阶段，2015年中共中央和国务院发布《关于加快推进生态文明建设的意见》。

一 经济建设与自然保护协调发展

1987 年，国务院环境保护委员会印发《关于发布〈中国自然保护纲要〉的通知》〔（87）国环字第 005 号〕，指出《中国自然保护纲要》是我国在保护自然资源和自然环境方面第一部较为系统的、具有宏观指导作用的纲领性文件。党和政府曾反复强调，保护环境和自然资源是社会主义现代化建设的重要组成部分和保证条件，是一项基本国策。万里同志在《造福人类的一项战略任务》一书的"序言"中强调："经济建设必须和自然保护协调发展，这是我国人民在几十年的社会主义建设实践中总结出来的一个重要经验，也是自然保护工作的一条重要规律。保护了自然资源和自然环境，经济就可以持续稳定地发展；经济发展了，就为自然资源和环境保护提供经济技术条件。"这是我国较早的关于"自然资源和环境保护与经济持续稳定发展"的论述。①

1994 年，国务院通过《中国 21 世纪议程——中国 21 世纪人口、环境与发展白皮书》（简称《中国 21 世纪议程》)②，我国成

---

① 《中国自然保护纲要》编写委员会编《中国自然保护纲要》，中国环境科学出版社，1987。

② 《中国 21 世纪议程——中国 21 世纪人口、环境与发展白皮书》，中国环境科学出版社，1994。

为在 1992 年联合国环境与发展大会后最快推出国别报告的国家。其中"中国可持续发展的战略与对策"论述道:"可持续发展对于发达国家和发展中国家同样是必要的战略选择,但是对于像中国这样的发展中国家,可持续发展的前提是发展。为满足全体人民的基本需求和日益增长的物质文化需要,必须保持较快的经济增长速度,并逐步改善发展的质量,这是满足目前和将来中国人民需要和增强综合国力的一个主要途径。只有当经济增长率达到和保持一定的水平,才有可能不断地消除贫困,人民的生活水平才会逐步提高,并且提供必要的能力和条件,支持可持续发展。在经济快速发展的同时,必须做到自然资源的合理开发利用与保护和环境保护相协调,即逐步走上可持续发展的轨道上来。"《中国 21 世纪议程》明确提出了到 2000 年的陆地生态系统保护目标(见专栏 1 - 2)。

由此可见,这个阶段的"环境与发展"是以发展为前提的环境保护,暗含通过追求发展目标可以同时达到环境目标的基本假设。到 2000 年,在确定的陆地生态系统保护目标中,一些目标实现了,如森林覆盖率目标;而一些目标距离实现尚远,如基本控制草原生态环境退化。目标未能实现的问题出在管理方法与生态系统特征的不匹配性,即管理政策尚未建立在草原生态系统的特征之上,以及对经济刺激手段的无效性估计不足等。

2000 年,国务院关于印发《全国生态环境保护纲要》的通知(国发〔2000〕38 号)提出:加大生态环境保护工作力度,扭转生态环境恶化趋势,为实现祖国秀美山川的宏伟目标而努力奋斗。对当时我国在陆地生态系统保护中突出问题的判断是:长江、黄河等大江大河源头的生态环境恶化呈加速趋势,沿江沿河的重要湖泊、湿地日趋萎缩，草原地区的超载放牧、过度开垦和樵采，有林地、多林区的乱砍滥伐，致使林草植被遭到破坏，全国野生动植物物种丰富区的面积不断减少，珍稀野生动植物栖息地环境恶化，珍贵药用野生植物数量锐减，生物资源总量下降。为此，《全国生态环境保护纲要》确定了 21 世纪我国生态环境的近期目标和远期目标。①近期目标。到 2010 年，基本遏制生态环境破坏趋势。②远期目标。到 2030 年，全面遏制生态环境恶化的趋势，全国 50％的县（市、区）实现秀美山川、自然生态系统良性循环，30％以上的城市达到生态城市和园林城市标准。

专栏 1-2　《中国 21 世纪议程》中的 2000 年陆地生态系统目标 ⋯

● 森林覆盖率。1991～2000 年净增有林地面积 1900 万公顷左右，全国森林覆盖率达到 15％～16％。

● 草地保护。1991～2000 年再新增人工草场和改良草场 2333 万公顷、围栏草场 1467 万公顷，使人工和改良草场占可利用草场的 10％左右；到 2000 年，使约 2600 万公顷草原得到初步治理。到 2020 年，实现草原生态由恶性循环向良性循环发展。

● 预防和控制荒漠化。加强水土保持工作，每年治理水土流失面积 2～4 平方公里。

● 自然保护区。全国各类自然保护区面积达 1 亿公顷，占国土面积的 7％；同时注意保护所有自然生态系统。建立和完善全国自然保护区网络。

● 湿地保护。在国家和地方两级明确管理机构，对现有湿地资源进行依法管理。到 2000 年，建立 100 处各种湿地类型自然保护区，全面制止随意破坏湿地资源和湿地生境。

- ● 保护特殊生境和生态系统。例如，湿地生态系统、珊瑚礁生态系统、红树林生态系统、河口生态系统、高原陆地生态系统、高原湖泊生态系统等，保护候鸟等迁徙性动物及其生境。

资料来源：《中国21世纪议程——中国21世纪人口、环境与发展白皮书》，中国环境科学出版社，1994。

二 生态文明战略布局

党的十八大把生态文明建设纳入中国特色社会主义事业"五位一体"总布局中，十八届三中全会则对加快生态文明制度建设做出了进一步部署，会议通过的《中共中央关于全面深化改革若干重大问题的决定》提出：紧紧围绕建设美丽中国，深化生态文明体制改革，加快建立生态文明制度，健全国土空间开发、资源节约利用、生态环境保护的体制机制，推动形成人与自然和谐发展的现代化建设新格局。

2015年4月发布的《中共中央国务院关于加快推进生态文明建设的意见》明确提出，环境保护与发展的基本原则是：把保护放在优先位置，在发展中保护、在保护中发展；在生态建设与修复中，以自然恢复为主，与人工修复相结合。到2020年生态文明建设的主要目标是：资源节约型和环境友好型社会建设取得重大进展，主体功能区布局基本形成，经济发展质量和效益显著提高，生态文明主流价值观在全社会得到推行，生态文明建设水平与全面建成小康社会目标相适应。生态文明建设包括：国土空间开发格局进一步优化，资源利用更加高效，生态环境质量总体改善，生态文明重大制度基本确立。中共中央、国务院发布的这一意见明确提出了 2020 年陆地生态系统保护的具体目标：①森林覆盖率达到 23% 以上；②草原综合植被覆盖度达到 56%；③湿地面积不低于 8 亿亩；④50% 以上可治理沙化土地得到治理；⑤自然岸线保有率不低于 35%；⑥生物多样性丧失速度得到基本控制；⑦全国生态系统稳定性明显增强。

由此可以概括出，我国生态文明背景下陆地生态系统保护和可持续管理的突出特征是：明确提出生态优先的原则，强调生态文明制度建设的重要性，将生态保护融入社会经济发展规划中，寻求在生态系统保护中实现发展，提出了愿景蓝图和近期目标，勾勒出实现的途径、政府的责任和考核的指标。以陆地生态系统为基石的可持续发展概念具有持久的生命力。

第二章　森林生态系统保护与可持续管理

　　森林覆盖率是判断森林生态系统保护和变化的最重要指标。本章重点分析中国及世界各个国家和地区的森林覆盖率的变化特征，以判断中国及世界各个国家和地区森林生态系统实现 2030 年可持续发展目标的程度和挑战。

　　本章包括三节。第一节是利用中国森林资源清查的全国和省级数据做如下分析：①分析 1984～2014 年全国森林覆盖率的特征以判断其增长情况；②分析省级森林覆盖率的分布以及覆盖率与增长率之间的关系，以揭示增长的上限和趋稳的水平；③分析天然林蓄积量的省级差异和人均差异，以揭示生态系统贡献的特征，为实现生态系统服务价值提供数据基础。第二节是利用联合国粮农组织的数据，分析世界各个国家和地区、"一带一路"国家和地区以及 OECD 国家的森林覆盖率的水平、分布区间和变化幅度，以揭示国家和地区间的森林覆盖率水平和变化的特征及差异，为政策选择提供依据。第三节是评述中国森林生态系统的可持续管理政策和项目。

第一节　中国的森林覆盖率变化

　　中国森林类型众多，拥有各类针叶林、针阔混交林、落叶阔叶林、常绿落叶阔叶混交林、常绿阔叶林、热带季雨林、雨林以及它们的各种次生类型。中国还拥有世界上完整的温带和亚热带山地垂直带谱，有世界分布最北的热带雨林类型。

森林生态系统保护中最重要的评价指标是森林覆盖率，即森林面积占总土地面积的比例。本报告的数据来源为我国历次森林资源清查的结果。

截至 2014 年我国共完成 8 次森林资源清查：其中第一次（1973～1976 年）和第二次（1977～1981 年）完成于改革开放前到改革开放之初。本书采用改革开放初期 1980～1983 年的森林覆盖率为 12% 这一数值。[①] 为了数据比较的科学性，本书数据来自第三次（1984～1988 年）、第四次（1989～1993 年）、第五次（1994～1998 年）、第六次（1999～2003 年）、第七次（2004～2008 年）、第八次（2009～2013 年）的清查数据。[②]

一　全国森林覆盖率变化的分析

（一）森林覆盖率的变化

第八次全国森林资源清查结果显示：全国森林面积为 2.08 亿公顷，森林覆盖率为 21.63%。活立木总蓄积量为 164.33 亿立方米，森林蓄积量为 151.37 亿立方米。天然林面积为 1.22 亿公顷，

①　根据第五个五年计划（1976～1980 年）森林资源清查数据，我国森林面积 1.15 亿公顷，森林蓄积量 90 亿立方米，森林覆盖率为 12%。资料来源：《中国自然保护纲要》编写委员会编《中国自然保护纲要》，中国环境科学出版社，1987。

②　关于全国森林资源清查数据的说明：全国森林资源变化以清查结果为官方数据；每五年为一个清查周期，当期清查完成后的 4 年均使用此清查数据。

蓄积量为 122.96 亿立方米；人工林面积为 0.69 亿公顷，蓄积量为 24.83 亿立方米。[①] 比较第三次至第八次全国森林资源清查结果，突出特征是森林资源数量呈现持续增加的趋势，具体表现为以下四点（见表 2-1）。

表 2-1 1984~2013 年森林资源变化

年　份	森林覆盖率		森林蓄积量		天然林蓄积量/森林蓄积量	
	数量（%）	较上期增长比例（%）	数量（亿立方米）	较上期增长比例（%）	数量（%）	较上期下降比例（%）
1984~1988	12.98	8.17	91.41	—	94.05	—
1989~1993	13.92	7.24	101.37	10.90	92.82	1.31
1994~1998	16.55	18.89	112.70	11.18	90.71	2.27
1999~2003	18.21	10.03	124.56	10.52	85.04	6.25
2004~2008	20.40	12.03	137.21	10.16	83.10	2.28
2009~2013	21.63	6.03	151.37	10.32	81.23	2.25

第一，森林覆盖率呈现波动上升趋势。1984~2013 年，森林覆盖率从 12.98% 增长到 21.63%，30 年间增长了 66.64%；对比本期森林覆盖率较上期增长的比例，增长最快的时间段是 1994~1998 年，增长率达 18.89%；增长最缓的时间段是 2009~2013 年，增长率为 6.03%。

第二，森林蓄积量呈现稳步上升趋势。1984~2013 年，森林蓄积量从 91.41 亿立方米增长到 151.37 亿立方米，30 年间增长了 65.59%；每一清查期较上一清查期的森林蓄积量增长率水平基本

---

① 《第八次全国森林资源清查主要结果》，中国林业网，http：//www.forestry.gov.cn，2014 年 2 月 5 日。

相当，介于 10.16% ～11.18%。

第三，值得关注的是，在森林蓄积量稳步上升的同时，天然林蓄积量占森林蓄积量的比例呈现逐步下降趋势。1984～2013 年，这一比例从 94.05% 下降到 81.23%；对比本期天然林蓄积量占森林蓄积量比例较上期下降的比例，下降最快的时间段是 1999～2003 年，下降率为6.25%；下降最缓的时间段是 1989～1993 年，下降率为 1.31%。

第四，从国际比较的视角看，我国森林资源仍将长期存在总量不足、质量不高、分布不均衡的问题，我国的森林覆盖率只有世界平均水平（30.3%）的 2/3，人均占有森林面积不到世界人均占有量（0.62 公顷）的 1/4，人均占有森林蓄积量仅相当于世界人均占有蓄积量（68.54 立方米）的 1/7。[①]

（二）全国造林的情况

1980～2015 年全国累计造林面积为 20111.6 万公顷；平均每年造林面积为 558.7 万公顷；造林面积最高的年份是 2003 年，为 911.9 万公顷，最低的年份是 2005 年，为 363.8 万公顷（见图 2 - 1）。

二　各省份森林覆盖率变化的分析

（一）各省份森林覆盖率的分布

对比 1984 年和 2014 年的各省份森林覆盖率[②]，可以得到如下

---

① 《2011 年中国林业基本情况》，国家林业局网站，http：//www.forestry.gov.cn/CommonAction.do? dispatch = index&colid = 58，2011 年 7 月 18 日。

② 1984 年的森林覆盖率数据用第三次全国森林资源清查数据代表，2014 年的森林覆盖率数据用第八次全国森林资源清查数据代表。

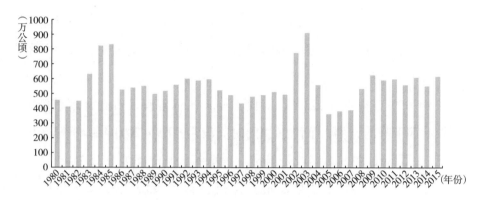

图 2 - 1　1980～2015 年全国造林面积

结论。

第一，1984 年我国各省份森林覆盖率的分布情况如下：①福建森林覆盖率最高，为 41.18%，其次是浙江、江西、黑龙江和湖南，分别为 39.66%、35.94%、34.35% 和 31.88%；②甘肃、江苏、宁夏、上海、新疆和青海的森林覆盖率小于 5%，其中新疆和青海分别为 0.91% 和 0.37%；③其他省份的森林覆盖率介于 5%～30%。

第二，2014 年我国各省份森林覆盖率的分布情况如下：①福建和江西的森林覆盖率超过 60%；浙江、广西、海南、广东、云南的森林覆盖率介于 50%～60%；②天津、青海和新疆的森林覆盖率小于 10%；③其他各省份的森林覆盖率介于 10%～50%。

第三，比较 1984 年和 2014 年各省份森林覆盖率的变化可以看到：①森林覆盖率最高值从 40% 以上提高到 2014 年的 60% 以上，1984 年和 2014 年森林覆盖率最高的省份均为福建；②森林覆盖率最低值从 0.37% 提高到 4.24%，1984 年和 2014 年森林覆盖率最低的省份分别是青海和新疆。

（二）各省份森林覆盖率的增长率

计算 2014 年较 1984 年各省份森林覆盖率的增长率可以得到以下数据。①森林覆盖率增长最快的是青海，增长率为 1421.62%；排在第 2 位和第 3 位的省份分别是上海和宁夏，增长率分别为611.26% 和 567.98%。②增长率介于 200%~500% 的省份是新疆、江苏、内蒙古和辽宁，增长率分别为 365.93%、320.21%、230.7% 和 220.27%。③增长率介于 100%~200% 的省份为北京、贵州、山西、广西、甘肃、西藏、河南、海南、河北、云南。④增长率介于 50%~100% 的省份为广东、湖北、四川、天津、陕西、重庆、安徽、江西、福建、山东。⑤增长率小于 50% 的省份为湖南、吉林、浙江、黑龙江，增长率分别为 49.84%、49.39%、48.94% 和 25.65%。

（三）各时段分省份的森林覆盖率的分布

利用 1984~2013 年的 6 次森林资源清查数据，各省份不同时段森林覆盖率的分布变化如下（见表 2-2）。

表 2-2　各省份不同时段森林覆盖率分布变化

区间	1984~1988 年	1989~1993 年	1994~1998 年	1999~2003 年	2004~2008 年	2009~2013 年
>60%	—	—	福建	福建	福建	福建、江西
50%~60%	—	福建	江西、浙江	江西、浙江	江西、浙江、广西、海南	浙江、广西、海南、广东、云南
40%~50%	福建	浙江、江西	广东	海南、广东、广西、云南、湖南	广东、云南、湖南、黑龙江	湖南、黑龙江、陕西、吉林

续表

区间	1984~1988 年	1989~1993 年	1994~1998 年	1999~2003 年	2004~2008 年	2009~2013 年
30%~40%	浙江、江西、黑龙江、湖南	广东、黑龙江、吉林、湖南、海南	海南、湖南、黑龙江、吉林、广西、云南、辽宁	黑龙江、吉林、辽宁、陕西、四川	吉林、陕西、辽宁、重庆、四川、北京、贵州、湖北	重庆、湖北、辽宁、贵州、北京、四川
20%~30%	广东、吉林、海南、云南、陕西、广西、湖北	辽宁、广西、云南、陕西、湖北、四川	陕西、湖北、四川、安徽、贵州、重庆	湖北、安徽、贵州、重庆、北京	安徽、河北、河南、内蒙古	安徽、河北、河南、内蒙古
10%~20%	四川、安徽、贵州、北京、辽宁、河北、山东	安徽、北京、贵州、河北、内蒙古、山东、河南	北京、河北、内蒙古、山东、河南、山西	内蒙古、河北、河南、山东、山西、西藏	山东、山西、西藏、江苏、甘肃	山西、山东、江苏、西藏、宁夏、甘肃、上海
5%~10%	河南、山西、内蒙古、天津、西藏	山西、天津、西藏	天津、西藏	天津、江苏、甘肃、宁夏、上海	宁夏、上海、天津	天津、青海
1%~5%	甘肃、江苏、宁夏、上海	甘肃、江苏、上海、宁夏	甘肃、江苏、上海、宁夏、新疆	青海、新疆	青海、新疆	新疆
<1%	新疆、青海	新疆、青海	青海	—	—	—

注：本书中除特殊注明以外，区间均为包含上限而不含下限。

第一，森林覆盖率的区域特征。①位于南方山区的安徽、浙江、福建、江西、广东、广西、海南、湖北、湖南 9 个省份的森林覆盖率分布在高水平区间，从 1999 年起除湖北和安徽以外的 7 个省份均达到 40% 以上的水平，9 个省份中森林覆盖率最低的是安徽。②干旱荒漠区和高寒区荒漠区面积占比高的新疆和青海，森林覆盖率分布在低水平区间，1984~1993 年这两个省份的森林覆盖率低于 1%，1999~2013 年上升到 1%~5% 区间。③上海、天津作为沿海平原地区城市，天津森林覆盖率一直处于较低水平，处于 5%~10% 区间，上海的森林覆盖率则呈现上升趋势，上海的森林覆盖率 1984～1998 年处于 1%～5% 区间，1998～2008 年处于 5%～10% 区间，2009～2013 年上升到 10%～20% 区间。城市的森林建设和绿化是目前各大城市的重要任务。

第二，森林覆盖率的变化特征。①变化较快的省份为青海、陕西，青海的森林覆盖率在 1999～2003 年较 1994～1998 年有大幅提高，从 0.43% 提高到 4.4%；20 世纪 80～90 年代陕西的森林覆盖率位于 20%～30% 区间，而 2009～2013 年陕西提高到 40%～50% 区间。②变化较小的省份是天津和山东，前者始终处于 5%～10% 区间，后者始终处于 10%～20% 区间。这与其资源禀赋条件较好及其起点较高有关。

（四）森林覆盖率与森林覆盖率增长率之间的关系

利用全国第三次到第八次森林资源清查结果的各省份数据，采用计量分析观察森林覆盖率与森林覆盖率增长率之间的关系。

采用简单一元回归模型，即：

$$Y_{(i,j)} = \beta X_{(i,j)} + \varepsilon$$

观察值 150 个，模型结果为：$R^2 = 0.0364$

$$Y_{(i,j)} = -0.85943\, X_{(i,j)} + 48.96813$$

$$(0.0193)$$

模型结果的含义是：森林覆盖率的增长率与森林覆盖率呈负相关，森林覆盖率每提高 10% 则增长率降低 8.59%。从上述各省份森林覆盖率排序的情况看，与模型结果吻合。

三 人均天然林蓄积量

天然林蓄积量占森林蓄积量的比例越高，表明其对森林生态系统保护的意义也就越大。分析天然林蓄积量占森林蓄积量的比例和各省份人均天然林蓄积量的差异，能够显示出提供生态系统服务的差异并作为补偿的基础和依据。

第一，我国天然林蓄积量占森林蓄积量的 90% 以上的省份有 9个，这 9 个省份的森林蓄积量总和占全国森林蓄积量的 74.64%，其天然林蓄积量总和占全国天然林蓄积量的比例为 80.75%。

第二，从表 2-3 可以看出，2014 年人均森林蓄积量和人均天然林蓄积量排名前五位的省份均为：西藏、内蒙古、黑龙江、云南和吉林。人均天然林蓄积量排序最后五位的省份是：上海、天津、江苏、山东、北京，人均天然林蓄积量分别为：0、0.01 立方米、0.02 立方米、0.02 立方米和 0.30 立方米。由此可见各省份人均森林生态系统服务的贡献差异之大。

表 2-3 2014 年各省份人均森林蓄积量和人均天然林蓄积量排序

单位：立方米/人

省份排序	人均森林蓄积量	省份排序	人均天然林蓄积量
西　藏	711.34	西　藏	710.85
内蒙古	53.70	内蒙古	49.79
黑龙江	42.91	黑龙江	38.63
云　南	35.92	云　南	33.58
吉　林	33.52	吉　林	29.75
四　川	20.64	四　川	18.68
福　建	15.97	新　疆	12.02
新　疆	14.64	陕　西	9.74

续表

省份排序	人均森林蓄积量	省份排序	人均天然林蓄积量
广　西	10.71	福　建	9.44
陕　西	10.49	海　南	7.30
海　南	9.86	甘　肃	7.19
江　西	8.99	青　海	6.69
贵　州	8.57	江　西	6.54
甘　肃	8.28	广　西	6.03
青　海	7.43	贵　州	5.28
辽　宁	5.70	湖　北	3.89
湖　北	4.93	重　庆	3.70
湖　南	4.91	辽　宁	3.54
重　庆	4.90	湖　南	2.82
浙　江	3.94	浙　江	2.70
广　东	3.33	山　西	1.94
安　徽	2.97	广　东	1.89
山　西	2.67	安　徽	1.43
河　南	1.81	河　南	0.70
河　北	1.46	河　北	0.69
宁　夏	1.00	宁　夏	0.52
山　东	0.91	北　京	0.30
江　苏	0.81	山　东	0.02
北　京	0.66	江　苏	0.02
天　津	0.25	天　津	0.01
上　海	0.08	上　海	0.00

第二节　世界各个国家和地区森林覆盖率变化

一　各个国家和地区森林覆盖率的水平和分布

利用联合国粮农组织数据库中森林覆盖率的数据[①]，对 1990 ~ 2015 年世界各个国家和地区森林覆盖率的水平及分布区间进行分析（见表 2 - 4），得出以下结论。

表 2 - 4　1990 ~ 2015 年世界各个国家和地区森林覆盖率的水平及分布区间

单位：个，%

区　间	1990 年		1995 年		2000 年		2005 年		2010 年		2015 年	
	数量	占比	数量	占比	数量	占比	数量	占比	数量	占比	数量	占比
70 以上	16	7.37	16	7.37	13	5.99	14	6.45	15	6.91	15	6.91
60 ~ 70	17	7.83	22	10.14	19	8.76	18	8.29	14	6.45	13	5.99
50 ~ 60	19	8.76	15	6.91	20	9.22	20	9.22	20	9.22	21	9.68
40 ~ 50	17	7.83	20	9.22	21	9.68	22	10.14	28	12.90	26	11.98
30 ~ 40	28	12.90	31	14.29	34	15.67	34	15.67	35	16.13	38	17.51
20 ~ 30	28	12.90	27	12.44	26	11.98	25	11.52	21	9.68	20	9.22
10 ~ 20	31	14.29	28	12.90	26	11.98	28	12.90	28	12.90	27	12.44
5 ~ 10	12	5.53	14	6.45	16	7.37	13	5.99	13	5.99	13	5.99
1 ~ 5	20	9.22	19	8.76	19	8.76	20	9.22	19	8.76	20	9.22
0 ~ 1	16	7.37	16	7.37	16	7.37	16	7.37	17	7.83	17	7.83
无数据	13	5.99	9	4.15	7	3.23	7	3.23	7	3.23	7	3.23
合　计	217	100	217	100	217	100	217	100	217	100	217	100

注：此表中区间为包含下限而不含上限。

[①]　数据来源：世界银行网站，http：//data. worldbank. org/indicator/AG. LND. FRST. ZS。

第一，1990 年和 2015 年森林覆盖率最高的国家是同一个，森林覆盖率分别为 98.91% 和 98.20% ，这个国家是南美洲的苏里南，是热带雨林生态系统；森林覆盖率为 0 的国家和地区始终是 4 个，分别是直布罗陀（地区）、瑙鲁（位于南太平洋、世界最小岛国）、卡塔尔和圣马力诺。

第二，1990～2015 年，按国家和地区数量统计：森林覆盖率分布国家和地区数量最多的区间是 30%～40% ，1990 年和 2015 年的数量分别为 28 个和 38 个，占总样本的比例分别为 12.9% 和 17.51% 。

第三，1990～2015 年，按国家和地区的数量统计呈上升趋势的区间为：①森林覆盖率在 30%～60% 区间的国家和地区，按 10% 的间隔基本为上升趋势，即 30%～40% 、40%～50% 和 50%～60% 这三个区间的数量基本为上升趋势；②森林覆盖率在 0～1% 区间的国家和地区，数量从 16 个上升为 17 个，占总样本的比例从 7.37% 上升为 7.83% 。

第四，1990～2015 年，森林覆盖率按国家和地区统计保持基本稳定的区间为 1%～5% ，数量为 19 个～20 个，占总样本的比例为 8.76%～9.22% 。

第五，1990～2015 年，森林覆盖率按国家和地区统计呈下降趋势的区间为：①森林覆盖率在 60% 以上区间的国家和地区，数量由 33 个下降到 28 个，占总样本的比例由 15.21% 下降到 12.90% ；②森林覆盖率在 10%～30% 区间的国家或地区，数量由 59 个下降到 47 个，占总样本的比例由 27.19% 下降到 21.66% 。

二 各个国家和地区森林覆盖率的变化

利用 1990～2015 年世界各个国家和地区森林覆盖率的数据，有效样本（国家和地区）为 210 个，其中，204 个样本的基础年为 1990 年，4 个样本的基础年是 1991 年（马绍尔群岛、密克罗尼西亚、北马里亚纳群岛和帕劳），2 个样本的基础年是 2000 年（比利时和卢森堡）。

通过分析森林覆盖率的变化，可以将 1990～2015 年世界各个国家和地区的森林覆盖率变化特征区分为增长型、稳定不变型和下降型三种类型，具体特征如下（见表 2－5）。

第一，增长型的国家和地区有 86 个，占总样本的 40.95%；稳定不变型的国家和地区有 34 个，占总样本的 16.19%；下降型的国家和地区有 90 个，占总样本的 42.86%。1990～2015 年，森林覆盖率为下降型的国家和地区数量大于增长型，森林生态系统保护面临着挑战。

第二，1990～2015 年，森林覆盖率增长幅度大于 10% 的国家和地区有 8 个，占总样本的 3.81%；森林覆盖率增长幅度大于 5% 的国家和地区有 18 个，占总样本的 8.57%。中国的森林覆盖率增长幅度为 5.45%。

第三，森林覆盖率增长和下降幅度在 1% 以下区间的国家和地区有 86 个，占总样本的 40.95%。其含义是，相当数量的国家和地区的森林覆盖率是比较稳定的。

第四，森林覆盖率下降幅度在 0～5% 区间的国家和地区有 52 个，占总样本的 24.76%；森林覆盖率下降 5% 以上的国家和地区有 38 个，占总样本的 18.09%。1990～2015 年森林覆盖率呈下降趋势的国家和地区中，发展中国家尤其是非洲国家占比较高（见表2-6）。

表2-5　世界各个国家和地区森林覆盖率的变化（2015年较1990年）

单位：个，%

类　型	数量	占比	增减幅度	数量	占比
增长型	86	40.95	>10	8	3.81
			5~10	10	4.76
			2~5	27	12.86
			1~2	11	5.24
			0~1	30	14.29
稳定不变型	34	16.19	0	34	16.19
下降型	90	42.86	0~1	22	10.48
			1~2	12	5.71
			2~5	18	8.57
			5~10	20	9.52
			>10	18	8.57

表2-6　1990~2015年森林覆盖率下降的国家和地区的汇总

下降区间	数量	国家和地区
5%~10%	20	博茨瓦纳、哥伦比亚、萨尔瓦多、布基纳法索、塞内加尔、赞比亚、巴拿马、委内瑞拉、文莱、巴西、科摩罗、莫桑比克、玻利维亚、利比里亚、马拉维、尼泊尔、北马里亚纳群岛、几内亚比绍、多米尼加、多哥
10%~15%	10	赤道几内亚、伯利兹、坦桑尼亚、尼日利亚、危地马拉、尼加拉瓜、喀麦隆、贝宁、乌干达、巴拉圭
15%~20%	5	印度尼西亚、缅甸、美属维尔京群岛、东帝汶、柬埔寨
大于20%	3	津巴布韦、朝鲜、洪都拉斯

三　"一带一路"国家和地区森林覆盖率变化

（一）"一带一路"森林覆盖率的水平和分布

"一带一路"（"丝绸之路经济带"和"海上丝绸之路"）涉及

65 个国家和地区。"一带一路"国家和地区的森林覆盖率水平及分布区间如下（见表 2 - 7）。

表 2 - 7 "一带一路"国家和地区森林覆盖率的水平及分布区间

单位：个，%

区　间	1990		1995		2000		2005		2010		2015	
	数量	占比	数量	占比	数量	占比	数量	占比	数量	占比	数量	占比
70 以上	2	3.08	2	3.08	2	3.08	2	3.08	3	4.62	3	4.62
60 ~ 70	3	4.62	4	6.15	3	4.62	3	4.62	3	4.62	3	4.62
50 ~ 60	5	7.69	4	6.15	5	7.69	5	7.69	4	6.15	4	6.15
40 ~ 50	4	6.15	4	6.15	5	7.69	7	10.77	8	12.31	8	12.31
30 ~ 40	10	15.38	11	16.92	9	13.85	8	12.31	9	13.85	9	13.85
20 ~ 30	10	15.38	9	13.85	10	15.38	10	15.38	8	12.31	8	12.31
10 ~ 20	8	12.31	8	12.31	8	12.31	8	12.31	8	12.31	8	12.31
5 ~ 10	6	9.23	6	9.23	6	9.23	5	7.69	5	7.69	5	7.69
1 ~ 5	11	16.92	11	16.92	11	16.92	11	16.92	11	16.92	11	16.92
0 ~ 1	5	7.69	5	7.69	5	7.69	5	7.69	5	7.69	5	7.69
0	1	1.54	1	1.54	1	1.54	1	1.54	1	1.54	1	1.54

注：此表中区间为包含下限而不含上限，0 除外。

第一，"一带一路"国家和地区中，1990 年和 2015 年森林覆盖率最高的国家分别是文莱和老挝，1990 年文莱的森林覆盖率是 78.38%，2015 年老挝的森林覆盖率是 81.29%；森林覆盖率最低的始终是卡塔尔，森林覆盖率为 0。

第二，森林覆盖率低的国家和地区占总样本的比例高。"一带一路"国家和地区中，森林覆盖率分布在 0 ~ 10% 区间的数量 1990 年和 2015 年分别为 22 个和 21 个，占总样本数的比例为 33.85% 和

32.31%，其中，分布在 1%～5% 区间的数量最多，始终为 11 个，占总样本的 16.92%；分布在 0～1% 区间（含 0）的数量始终为 6 个，占总样本的 9.23%，即森林覆盖率低于 5% 的国家和地区占总样本的 26.15%。

森林覆盖率的分布区间在 1990～2015 年有向上移动的趋势，森林覆盖率在 50% 以上区间的数量均为 10 个，占样本总数的 15.38%；森林覆盖率在 40% 以上区间的数量由 14 个增加到 18 个，占样本总数的比例从 21.54% 增加到 27.69%；森林覆盖率在 30% 以上区间的数量由 24 个增加到 27 个，占总样本的比例从 36.92% 增加到 41.54%；森林覆盖率在 20% 以上区间的数量由 34 个增加到 35 个，占总样本的比例从 52.31% 增加到 53.85%。

（二）"一带一路"国家和地区森林覆盖率的变化

分析"一带一路"国家和地区的森林覆盖率 2015 年较 1990 年的变化情况，可以得到以下变化特征（见表 2-8）。

第一，森林覆盖率为增长型的国家和地区数量为 41 个，占总样本的 63.08%，高于世界各个国家和地区的平均水平。在增长型的国家和地区分布最集中的区间是 0～1%，共 16 个，占总样本的 24.62%。

第二，森林覆盖率为稳定不变型的国家和地区数量为 7 个，占总样本的 10.77%。

第三，森林覆盖率为下降型的国家和地区数量为 17 个，占总样本的 26.15%。其中，下降超过 10% 的国家和地区为印度尼西亚和缅甸，1990～2015 年，这两个国家的森林覆盖率分别从

65.44%和60.01%下降到50.25%和44.47%。另外，在下降型的国家和地区中分布最集中的区间是0~1%，共7个，占总样本的10.77%。

表2-8 "一带一路"国家和地区森林覆盖率的变化（2015年较1990年）

单位：个，%

类　型	数量	占比	增减幅度	数量	占比
增长型	41	63.08	>10	3	4.62
			5~10	3	4.62
			2~5	14	21.54
			1~2	5	7.69
			0~1	16	24.62
稳定不变型	7	10.77	0	7	10.77
下降型	17	26.15	0~1	7	10.77
			1~2	4	6.15
			2~5	1	1.54
			5~10	3	4.62
			>10	2	3.08

由此可见，"一带一路"国家和地区森林覆盖率的增减幅度在1%以下的数量为30个，占总样本的46.15%，即森林覆盖率趋于稳定的国家和地区接近半数。

四　OECD国家和地区森林覆盖率变化

（一）OECD国家和地区森林覆盖率的水平和分布

作为发达经济体的组织OECD的35个国家和地区森林覆盖率

的水平及分布区间如下（见表 2 – 9）。

第一，森林覆盖率最高的国家是芬兰，1990 年和 2015 年分别为 71.82% 和 73.11%。森林覆盖率最低的国家是冰岛，1990 年和 2015 年分别为 0.16% 和 0.49%。

第二，OECD 各个国家和地区森林覆盖率分布最集中的区间是 30% ~ 40%，1990 年和 2015 年分别为 9 个和 15 个国家，占总样本的比例分别为 25.71% 和 42.86%。

第三，OECD 各个国家和地区森林覆盖率分布的区间总体呈现出向上移动的趋势，1990 ~ 2015 年森林覆盖率大于 60% 的国家和地区数量从 4 个增加到 5 个，分布在 30% ~ 50% 区间的国家和地区数量从 10 个增加到 17 个。

第四，森林覆盖率低于 10% 的国家和地区数量有所减少，1990 ~ 2015 年从 3 个减少到 2 个。

表 2 – 9　1990 ~ 2015 年 OECD 国家和地区森林覆盖率的水平及分布区间

单位：个，%

区　间	1990 年		1995 年		2000 年		2005 年		2010 年		2015 年	
	数量	占比	数量	占比	数量	占比	数量	占比	数量	占比	数量	占比
60 以上	4	11.43	5	14.29	5	14.29	5	14.29	5	14.29	5	14.29
50 ~ 60	3	8.57	2	5.71	2	5.71	2	5.71	2	5.71	2	5.71
40 ~ 50	1	2.86	1	2.86	1	2.86	2	5.71	2	5.71	2	5.71
30 ~ 40	9	25.71	10	28.57	12	34.29	12	34.29	15	42.86	15	42.86
20 ~ 30	8	22.86	7	20.00	7	20.00	6	17.14	3	8.57	3	8.57
10 ~ 20	5	14.29	5	14.29	5	14.29	6	17.14	6	17.14	6	17.14
0 ~ 10	3	8.57	3	8.57	3	8.57	2	5.71	2	5.71	2	5.71
无数据	2	5.71	2	5.71	0	0.00	0	0.00	0	0.00	0	0.00

（二）OECD 国家和地区森林覆盖率的变化

OECD 国家和地区森林覆盖率变化的特征是增长型居多、波动幅度小和下降程度低，具体如下（见表 2 - 10）。

表 2 - 10 OECD 国家和地区森林覆盖率的变化（2015 年较 1990 年）

单位：个，%

类　型	数量	占比	增减幅度	数量	占比
增长型	26	74.29	> 2	5	14.29
			1 ~ 2	7	20.00
			0 ~ 1	14	40.00
稳定不变型	2	5.71	0	2	5.71
下降型	7	20.00	0 ~ 1	5	14.29
			1 ~ 2	2	5.71

第一，增长型的国家和地区占总样本的比例高。森林覆盖率为增长型的国家占比为 74.29%，大于世界各个国家和地区的 40.95% 及"一带一路"国家和地区的 63.08%；森林覆盖率为下降型的国家和地区数量仅占总样本的 20%，而世界各个国家和地区及"一带一路"国家和地区的占比分别是 42.86% 和 26.15%。

第二，增长和下降的波动幅度小。森林覆盖率增长幅度超过 2% 的国家和地区为 5 个，分别是希腊、意大利、法国、西班牙和智利，增长幅度分别为 3.51%、3.51%、3.11%、2.80% 和 2.56%；增长型的其他 21 个国家和地区的增长幅度均在 2% 以内，其中，14 个国家的增长幅度在 1% 以内，主要为发达经济体，按增长幅度从高到低的顺序依次为：英国、美国、斯洛文尼亚、丹麦、以色列、比利时、荷兰、捷克、斯洛伐克、瑞典、德国、日本、冰岛和新西兰。

第三，OECD 国家和地区中，森林覆盖率的下降幅度在 1% ~ 2% 区间的是韩国和葡萄牙，这两个国家 2015 年的森林覆盖率分别为 63.45% 和 34.74%，下降幅度分别为 1.74% 和 1.80%；下降幅度在 0 ~ 1% 区间的 5 个国家是加拿大、爱沙尼亚、澳大利亚、芬兰、墨西哥。

五　森林覆盖率变化的国际比较

(一) 中国森林覆盖率变化特征的主要判断

中国森林覆盖率变化的重要特征是：全国森林覆盖率的持续增长，各省份森林覆盖率的增长基本保持稳定。

第一，1984 ~ 2014 年实现森林覆盖率的持续增长，我国持续实施的可持续管理的项目和政策发挥着重要作用，为发展中国家和地区扭转森林覆盖率下降的局面提供了可借鉴的做法。

第二，中国各省份森林覆盖率和蓄积量自 1994 年以来呈现稳定增长的态势。①森林覆盖率排名前三位和后两位的省份非常稳定，排名前三位的省份稳定为福建、江西和浙江，排名最后两位的省份稳定为青海和新疆，分别为南方山区的亚热带森林生态系统和西北的荒漠生态系统。表明森林覆盖率与地带性生态系统密切相关，即省级层面森林覆盖率的决定性因素是地带性植被。森林覆盖率的根本制约是自然资源禀赋，所以重要的判断变化趋势并非比较绝对值。②森林覆盖率与其增长率之间具有相关性，总体是森林覆盖率低的省份其增长率更高些。但山东和天津是例外，同样是由其资源禀赋决定的。

（二）世界森林覆盖率变化特征的主要判断

世界各个国家和地区的森林覆盖率下降的挑战依然严峻，"一带一路"国家和地区中处于干旱荒漠区的占比较高，因而呈现出森林覆盖率较低的国家占比高的特征，OECD国家森林覆盖率总体稳定。

第一，分析2015年与1990年森林覆盖率变化的数据，可以看到，森林覆盖率下降的国家和地区数量超过了上升的国家和地区数量，而且下降的变动率超过了上升的变动率，显示出世界范围内面临森林覆盖率下降挑战的严峻性；森林覆盖率下降的国家和地区主要分布于非洲、南美洲和亚洲。

第二，"一带一路"国家和地区中包括了亚欧大陆气候干旱地带的国家，这有别于世界各个国家和地区与OECD国家和地区，森林生态系统保护意义尤为重大。

第三，主要发达经济体，如美国、英国、德国、日本等，1990~2015年森林覆盖率呈现稳中有增的态势，但增长幅度均在1%之内；其重要的含义是：当森林覆盖率达到与自然地理条件吻合后将处于稳定状态，即森林覆盖率增长的根本制约因素是地带性资源禀赋，重要的政策含义是：当森林覆盖率与自然资源禀赋条件相匹配时，需要制定出稳定森林覆盖率的政策而非长期的持续增长政策，这也预示着我国的森林覆盖率将在不久的将来趋于稳定。

第三节　中国森林生态系统的可持续管理政策和项目

伴随着经济的快速增长，我国在过去的30年实现了森林覆盖率的持续增加，这是我国的森林生态系统保护政策和重大林业生态建设工程所取得成效的体现。中国森林生态系统可持续管理的经验值得借鉴，特别是在森林覆盖率下降的国家和地区中可以发挥作用，实现区域森林生态系统的保护和可持续发展。其政策含义是：社会经济发展中付出的自然资源代价，需要具有可持续性的发展政策。

一　确立增加森林覆盖面积的政策目标

经过 1949～1978 年 30 年的森林采伐，到改革开放初期中国的森林面积和活立木蓄积量降到了低点。1979 年全国人大常委会决定将每年 3 月 12 日作为"植树节"，宣传倡导积极开展全民植树活动，广泛动员全社会参加林业建设。由此，植树造林运动成为实现提高森林覆盖率政策目标的一种方式。1980 年 3 月，中共中央、国务院发布的《关于大力开展植树造林的指示》提出：在实现四个现代化的历史进程中，大规模地开展植树造林，加速绿化祖国，是摆在我们面前的一项重大战略任务。把森林覆盖率提高到 30%，是全国人民一项建设社会主义、造福子孙后代的长期奋斗目标，力争到 20 世纪末使全国森林覆盖率达到 20%。1982 年，国务院发布了《关于开展全民义务植树运动的实施办法》，由此开始了以植树造林为重要内容的林业建设。

改革开放的 30 多年中，提高森林覆盖率一直是森林生态系统可持续管理的重要内容；而近 10 年中，森林增长指标更成为政府业绩考核的内容。例如，国家"十二五"规划纲要已将森林覆盖率和森林蓄积量作为约束性指标，列入了对地方政府综合考核评价的十项指标之一。从 2011 年起，国家林业局和国家发改委制定了森林增长指标年度考核办法，森林覆盖率和森林蓄积量各占40%的权重，另外20%的权重主要考核林地管理、森林管理的综合水平，任务已分解到各省份，2013年启动了这项工作。此外，近几年，各地党委、政府把城市森林建设作为改善生态、改善民生的重要内容，一些城市森林面积、绿化面积大幅度增加，成为提高森林覆盖率的重要贡献者。2011年，全国绿化委员会和国家林业局颁布实施《全国造林绿化规划纲要（2011—2020年）》，确定了今后10年造林绿化的目标与任务、实现途径和政策保障，进一步提出：继续推进林业重点工程建设，加大荒山造林力度，大力开展全民义务植树，统筹城乡绿化，推动身边增绿，加快构建十大生态安全屏障。

二 建立森林生态效益补偿制度

森林生态效益补偿政策，最早出现在1992年《国务院批转国家体改委〈关于一九九二年经济体制改革要点〉的通知》文件中，该文件明确提出："要建立林价制度和森林生态效益补偿制度，实行森林资源有偿使用。"1996年，《中共中央国务院关于"九五"时期和今年农村工作的主要任务和政策措施》提出："按照分类经营原则，逐步建立森林生态效益补偿费制度和生态公益林建设投入机制，加快森林植被的恢复和发展。"1998年颁布的《中华人民共和国森林法》规定："国家设立森林生态效益补偿基金，用于提供生态效益的防护林和特种用途林的森林资源、林木的营造、抚育、保护和管理。"这标志着我国森林生态效益补偿制度以法律的形式得到了保证。2000年，国务院办公厅在《关于森林生态效益补偿基金问题的意见》中，进一步阐述了建立森林生态效益补偿基金制度，对于改善我国生态环境、实现可持续发展战略具有重要作用。

2001 年，财政部设立森林生态效益补偿基金，主要用于提供生态效益的重点防护林和特种用途林（统称生态公益林）的保护和管理。由此，我国森林生态效益补偿制度开始得到财政资金的支持。2001 年 11 月，全国森林生态效益补助资金试点工作正式启动，试点范围包括 11 个省份的 685 个县（单位）和 24 个国家级自然保护区，涉及生态公益林 2 亿亩，每亩补助 5 元，以期通过试点探索建立森林生态效益补偿制度的经验。

从 2010 年开始，中央财政提高了国家级生态公益林的补偿标准，国有生态公益林补偿标准为每年 5 元/亩，集体和个人所有的国家级生态公益林补偿标准提高到每年 10 元/亩；当年，中央财政对 10.49 亿亩国家级生态公益林（国有林 5.81 亿亩，集体和个人所有林 4.68 亿亩）共安排补偿资金 75.8 亿元。2010 年，我国新启动造林、林木良种补贴试点，范围包括西南和西北造林任务重、已经完成集体林权制度主体改革且地方政府支持造林力度大的 20 个省份。补贴标准为：新造乔木林 200 元/亩，灌木林 120 元/亩，木本粮油经济林 160 元/亩，其他经济林 100 元/亩，竹林 100 元/亩，迹地人工耕林 100 元/亩。2010 年林木良种补贴试点资金共 2 亿元，对全国 29 个省份的 131 处国家重点林木良种基地进行补贴试点，面积为 34.2 万亩，补贴资金为 1 亿元。补贴标准为：种子园、种质资源库 600 元/亩，采穗圃 300 元/亩，母树林、试验林 100 元/亩。对 22 个省份国有育苗单位采用先进技术培育的 5 亿株良种苗木，按照每株平均补贴 0.2 元的标准安排补贴资金 1 亿元。

2013 年，中央财政进一步将属于集体和个人所有的国家级生态公益林补偿标准提高到每年 15 元/亩。2001～2014 年共安排森林生态效益补偿 801 亿元，其中 2014 年中央财政共安排森林生态效益补偿 149 亿元，纳入补偿的国家级公益林面积为 13.9 亿亩。①

三 开展重大森林生态系统建设和恢复工程

我国的重大林业生态工程建设以 1978 年启动"三北"（西北、华北、东北）防护林工程为标志，特别是近 20 年，规模逐渐扩大，投入不断增加，成为我国森林生态系统管理的重大行动。20 世纪 80 年代，生态工程的主要内容是建设十大防护林体系；随着综合国力的增强，20 世纪 90 年代末，中国启动了一批大规模的生态工程，包括天然林保护工程、退耕还林还草工程、水土流失重点治理与生态修复工程等；2010 年以来，启动天然林保护工程二期、新一轮退耕还林还草工程；2015 年以来，生态文明建设纳入了中国特色社会主义事业"五位一体"的总体布局。

（一）防护林体系建设工程

1978 年 11 月，国务院以国发〔1978〕244 号文件批准国家林业局《关于在"三北"（西北、华北、东北）风沙危害、水土流失的重点地区建设大型防护林的规划》，并将其列为国民经济和社会发展的重点项目。工程范围涵盖了中国除西藏部分区域外的干旱、半干旱及荒漠区，工程建设范围占国土陆地面积的 42.2%，覆盖

---

① 财政部农业司：《中央财政 13 年共安排森林生态效益补偿 801 亿元 提高了森林整体生态效益》，财政部网站，http://nys.mof.gov.cn/zhengfuxinxi/bgtGongZuoDongTai_1_1_1_1_3/201411/t20141117_1158796.html，2014 年 11 月 17 日。

了中国 95% 以上的风沙危害区和 40% 的水土流失区，工程建设范围和建设规模都是空前的。提高国土空间的植被覆盖率、防沙治沙、提升国土生态安全程度是"三北"防护林工程的主要功能。

按照总体规划，该工程从 1978 年起到 2050 年结束，规划造林 3560 万公顷，计划将"三北"地区森林覆盖率提高到 14.95%。"三北"防护林工程启动后，又启动了一系列区域性的防护林工程，如沿海防护林工程、长江中上游防护林工程、太行山绿化工程等，后来，这些工程统称为"三北"及长江流域等防护林体系建设工程。工程重要进展如下。

到 2016 年，"三北"防护林工程已走过 38 年，进入第五期工程建设阶段，重点工程包括百万亩防护林基地、黄土高原综合治理林业示范项目、退化林分修复项目等。"三北"防护林工程自 1978 年启动以来，累计完成造林保存面积 4.38 亿亩，工程区森林覆盖率由 1977 年的 5.05% 提高到目前的 13.02%。①

（二）天然林资源保护工程

鉴于天然林过度采伐带来了严重的资源危机和生态后果，我国于 1998 年在四川启动天然林资源保护工程试点工作。2000 年，国家林业局、国家计委（2003 年改组为国家发改委）、财政部、劳动和社会保障部印发了《长江上游、黄河上中游地区天然林资源保护工程实施方案》和《东北、内蒙古等重点国有林区天然林资源保护工程实施方案》。这标志着全面启动了涵盖中国国有林区和

---

① 张建龙：《全力推进三北工程建设　筑牢北方生态安全屏障》，中国林业网，http://www.forestry.gov.cn，2016 年 10 月 11 日。

长江、黄河上中游地区的天然林保护工程。这一工程目标有二。一是长江上游、黄河上游地区年减少商品木材产量1239万立方米，使该区域的9亿多亩森林得到切实保护；到2010年，预期新增森林1.3亿亩，森林覆盖率提高3.72个百分点，使这一地区的生态环境得到明显改善。二是东北、内蒙古等重点国有林区年调减木材产量751.5万立方米，使4.95亿亩森林得到有效管护；森工企业产业结构实施战略性转移，使48.3万富余职工得到妥善安置。2000~2010年工程总投资达962亿元。到2010年，天然林保护工程圆满完成一期建设任务。我国通过实施天然林保护工程，有效保护森林16.19亿亩，工程区森林蓄积量净增7.25亿立方米，森林覆盖率增加3.7个百分点，促进森林资源从恢复性增长进一步向提高森林质量转变。

2010年12月，国务院常务会议决定，2011~2020年实施天然林资源保护二期工程，实施范围在原有基础上增加丹江口库区的11个县（市、区）。力争经过10年努力，新增森林面积7800万亩，森林蓄积净增加11亿立方米，森林碳汇增加4.16亿吨，生态状况与林区民生进一步改善。预计天然林资源保护二期工程中央投入2195亿元①。

（三）退耕还林工程

25°以上坡耕地的退耕还林还草工作，始于20世纪80年代中期。尽管这项工作在小流域治理中取得了成效，但由于没有配套政策，未

---

① 国务院办公厅：《国务院常务会议决定实施天然林资源保护二期工程》，中央政府门户网站，http://www.gov.cn，2010年12月29日。

能得到推广。1999 年 8 月，我国提出了"退耕还林（草），封山绿化，以粮代赈，个体承包"的生态建设方针，且当年就在四川、陕西、甘肃三省先行开展退耕还林还草的试点工作。2000 年，国家林业局、国家计委（现国家发改委）、财政部印发《关于开展 2000 年长江上游、黄河上中游地区退耕还林（草）试点示范工作的通知》。国务院还制定发布了《关于进一步做好退耕还林还草试点工作的若干意见》，要求试点区各级政府认真做好退耕还林还草试点工作。

2002 年 4 月，国务院印发《关于进一步完善退耕还林政策措施的若干意见》和《关于完善退耕还林粮食补助办法的通知》，明确了如下扶持政策。一是粮食补助，每退耕 1 亩，长江流域及南方地区，每年补助原粮 150 千克，黄河流域及北方地区，每年补助原粮 100 千克。补助年限为：还生态林补助 8 年，还经济林补助 5 年，还草补助 2 年。二是现金补助，退耕 1 亩，补助现金 20 元，补助年限与粮食补助年限相同。三是造林补助，每造林 1 亩，补助 50 元。到 2011 年底，共造林 4.15 亿亩，其中退耕地造林 1.39 亿亩，荒山造林和封山育林 2.76 亿亩，工程区森林覆盖率提高超过 3 个百分点，涉及 25 个省份和新疆生产建设兵团的 2279 个县、3200 多万户的 1.24 亿农民。

2014 年，国家林业局组织开展了长江、黄河中上游地区的退耕还林生态效益评估。评估结果显示，截至 2014 年底，长江、黄河流域中上游退耕还林工程生态效益物质量评估结果为：涵养水源 259 亿立方米/年、固土 3.89 亿吨/年、保肥 1370.41 万吨/年、固碳 2936.7 万吨/年、释放氧气 6965.36 万吨/年、林木积累营养物质 65.09 万吨/年、提供空气负离子 5715.91×10^{22} 个/年、吸收污染物 214.66 万吨/年、吸收滞尘 2.82 亿吨/年（其中，吸滞 TSP 2.26 亿吨/年，吸滞 PM2.5 达 1128.04 万吨/年）、防风固沙 1.35 亿吨/年。按照 2014 年现价评估，长江、黄河流域中上游退耕还林工程年生态效益价值量为 8506.26 亿元。其中，涵养水源总价值量 3102.14 亿元/年，保育土壤总价值量 813.6 亿元/年，固碳释氧总价值量 1330.2 亿元/年，林木积累营养物质总价值量 117.95 亿元/年，净化大气环境总价值量 1591.22 亿元/年（其中，吸滞 TSP 总价值量 53.27 亿元/年，吸滞 PM2.5 总价值量 904.74 亿元/年），生物多样性保护总价值量 1261.8 亿元/年，森林防护总价值量 289.35 亿元/年。①

2014 年 6 月，国务院正式批准了《新一轮退耕还林还草总体方案》，以此为标志，我国退耕还林事业进入了巩固已有退耕还林还草成果和实施新一轮退耕还林还草并重的新阶段。该方案提出到 2020 年将全国具备条件的坡耕地和严重沙化耕地约 4240 万亩退耕还林还草。

随着新一轮工程的政策完善，退耕还林还草生态效益主导功能将会得到更大发挥。首先，与前一轮退耕还林工程相比，新一轮退耕还林还草工程的补助方式发生了极大改变。退耕还林中央补助 1500 元/亩（5 年计），分 3 次下达，第一年 800 元，第三年 300 元，第五年 400 元。退耕还草中央补助 800 元/亩（3 年计），其中，财政专项资金安排现金补助 680 元，中央预算内投资安排种苗种草费 120 元；分两次下达，第一年 500 元，第三年 300 元。其次，新一轮退耕还林工程不再规定生态林、经济林比例，充分尊重人民群众的意愿。再次，新一轮退耕还林工程主要针对 25 度以

---

① 《长江、黄河中上游退耕还林生态效益超万亿：评估取得了哪些成果》，退耕还林网，http://tghl.forestry.gov.cn，2015 年 10 月 15 日。

上坡耕地、严重沙化耕地和丹江口库区及三峡库区 15°～25°坡耕地实施退耕还林。25°以上坡耕地的水土流失和严重沙化耕地的风沙危害更为严重，在这一区域实施退耕还林也必将发挥更大的涵养水源、保育土壤和防风固沙功能。①

2015 年底，针对在新一轮退耕还林还草推进过程中，各地也反映了总体规模偏小和实施进度偏慢等问题，为加快推进退耕还林还草，促进生态环境保护，推进连片特困地区脱贫致富，财政部等八部门联合发布《关于扩大新一轮退耕还林还草规模的通知》（财农〔2015〕258 号）②，明确了扩大新一轮退耕还林还草规模的主要政策为：①将确需退耕还林还草的陡坡耕地基本农田调整为非基本农田；②加快贫困地区新一轮退耕还林还草进度；③及时拨付新一轮退耕还林还草补助资金；④认真研究在陡坡耕地梯田、重要水源地 15°～25°坡耕地以及严重污染耕地退耕还林还草的需求。

---

① 《长江、黄河中上游退耕还林生态效益超万亿：退耕还林工程未来的发展前景如何》，退耕还林网，http：//tghl. forestry. gov. cn，2015 年 10 月 15 日。

② 《财政部等八部门关于扩大新一轮退耕还林还草规模的通知》，退耕还林网，http：//tghl. forestry. gov. cn，2016 年 2 月 25 日。

第三章 草原生态系统保护
与可持续管理

　　草原生态系统是我国陆地上分布最广泛的生态系统，北方草原近300万平方公里，对于发展畜牧业、保护生物多样性、保持水土和维持生态平衡有着重大的作用和价值，对我国华北和京津地区具有重要的生态屏障功能。2015年出台的《中共中央国务院关于加快推进生态文明建设的意见》提出，加快推进基本草原划定和保护工作，科学划定草原生态红线，修订《草原法》；2016年进一步将草原生态系统保护的目标明确为：到2020年，全国天然草原鲜草总产草量达到10.5亿吨，草原综合植被盖度达到56%，重点天然草原超载率小于10%，全国草原退化和超载过牧趋势得到遏制，草原保护制度体系逐步建立，草原生态环境明显改善。① 建立和完善与我国草原生态系统特征相适应的政策和制度体系是实现草原保护和可持续管理的重要途径。

　　本章包括三节。第一节，概述草原生态系统的类型和分布，内容包括中国草原生态系统的分布特征和类型、草地面积的变化

---

　　① 农业部畜牧业司：《农业部办公厅关于印发促进草牧业发展指导意见的通知》，农业部网站，http://www.moa.gov.cn/govpublic/XMYS/201605/t20160509_5122205.htm，2016年5月9日。

情况，以及世界主要草原国家的草地面积情况；第二节，利用
《全国草原监测报告》数据，通过天然草地产草量、综合植被盖度
和草地等级变化判断中国草原生态系统质量的变化；第三节，对
中国草原生态系统可持续管理政策与项目进行评述。

第一节　草原生态系统的类型和分布

地球上不同的气候带形成地域性水平地带性草地和垂直地带
性草地，可以概括为热带草地以稀树草原为主，亚热带草地以荒
漠草原为主，温带草地以典型草原和草甸草原为主，寒带草地以
冻原为主，高寒带草地以高寒草甸为主。

一　中国草原生态系统的分布

（一）分布特征

中国草原生态系统的分布特征可以分为三大类：水平地带性
分布、垂直地带性分布和非地带性分布。

第一，水平地带性的分布类型是：①北方草原草地，从东往
西依次出现森林草原（草甸草原）、典型草原和荒漠草原；②西
北荒漠草地，由东向西依次出现草原化荒漠、典型荒漠草地；
③高寒草地，由东南向西北依次分布着高寒灌丛草原、高寒草原、
高寒草甸草原、高寒荒漠草原；④暖温带灌草丛草地，主要分布
在我国华北及其周边地区，北起西辽河、冀北山地，南至秦岭和
淮河；⑤亚热带常绿林灌草丛草地，主要分布在我国秦岭淮河以
南广大的亚热带和热带地区。第二，垂直地带性的分布类型是：

湿润区山地草地垂直分布和干旱区山地草地垂直分布。第三,非地带性分布类型是:沼泽、沙地和草甸。

（二）中国草原面积的变化

1979～1990 年农业部和中国科学院开展第一次草地资源调查,得出的数据是我国有近 4 亿公顷草地。从 2005 年起,农业部草原监理中心开始了中国草原资源和生态监测工作,并按年度权威性地发布《中国草原监测报告》。尽管草原总体数量已经有了官方数据,但由于草原管理体制和投入机制等方面的制约,草原资源管理中数量不清、资源的数量和质量与经营者之间的关系不够紧密等状况尚未发生根本性的转变。不能准确把握草原的数量和质量,已成为草原生态保护补偿政策实施中的关键性制约因素。

1990～2016 年我国官方发布的各省份的草原面积没有发生变化。1990 年我国完成第一次草原资源详查,公布的各省份草原面积数据和到 2016 年《中国统计年鉴》公布的 2014 年各省份草原面积的数据完全相同。

我国草原面积为 39280 万公顷,其中 20 个主要草原省份的草原面积为 36990 万公顷,占全国草原总面积的 94.17%。西藏、内蒙古、新疆、青海、四川和甘肃六大牧区省份的草原面积共 2.93 亿公顷,约占全国草原面积的 3/4。我国草原总面积排名前三位的省份是西藏、内蒙古、新疆,分别为 8005 万公顷、7880 万公顷和 5729 万公顷（见图 3-1）。我国南方地区草原以草山、草坡为主,大多分布在山地和丘陵,面积约 6700 万公顷。

根据笔者 2014 年在内蒙古锡林浩特市调研时获得的来自政府

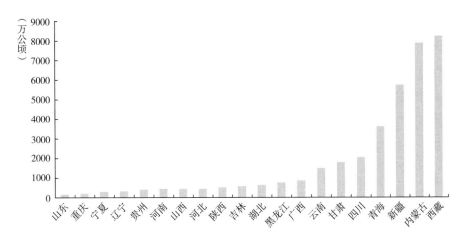

图 3 - 1　我国 20 个重要草原省份的草原面积数量

部门的数据①，计算 2009~2012 年全市草地面积变动率，见表 3 - 1，其特征有三点。第一，总体呈现草地面积数量减少的趋势，2009~

表 3 - 1　2009~2012 年锡林浩特市草地面积变动率

单位：%

牧　场	2009~2010 年的变动率 (2010 - 2009)/2010			2010~2011 年的变动率 (2011 - 2010)/2011			2011~2012 年的变动率 (2012 - 2011)/2012		
	草地	其中		草地	其中		草地	其中	
		天然牧草地	人工牧草地		天然牧草地	人工牧草地		天然牧草地	人工牧草地
锡林浩特市平均	- 0.060	- 0.099	4.885	- 0.030	- 0.032	0.125	- 0.025	- 0.012	- 0.042
国有牧场 1	- 0.002	- 0.082	7.874	- 0.003	- 0.002	- 0.086	- 0.004	- 0.002	- 0.138
国有牧场 2	- 0.007	- 0.038	8.124	- 0.032	- 0.031	- 0.314	- 0.003	- 0.003	0.000
国有牧场 3	- 0.171	- 0.224	2.306	- 0.420	- 0.417	0.000	- 0.054	- 0.055	- 0.029
苏木 1	- 0.007	- 0.043	8.157	0.000	0.000	0.000	- 0.002	- 0.002	0.000

① 孙若梅：《草原资源资产质量评价研究——以内蒙古锡林浩特市为例》，《生态经济》2014 年第 12 期。

牧 场	2009~2010年的变动率 (2010-2009)/2010			2010~2011年的变动率 (2011-2010)/2011			2011~2012年的变动率 (2012-2011)/2012		
	草地	其中		草地	其中		草地	其中	
		天然牧草地	人工牧草地		天然牧草地	人工牧草地		天然牧草地	人工牧草地
苏木2	-0.101	-0.136	4.484	-0.041	-0.043	-0.020	-0.041	-0.012	-0.003
苏木3	-0.015	-0.018	0.000	0.000	0.000	0.000	0.000	0.000	0.000

2012年的年度环比下降率分别为0.060%、0.030%和0.025%，下降的幅度在减小。第二，比较国有牧场和苏木的草地面积变化，总体上是国有牧场的草地面积减少比例大于苏木。第三，比较人工牧草地面积和天然牧草地的变化，人工牧草地的变化幅度大于天然牧草地的变化幅度。由此可见，尽管从全国和省级的草地面积来看没有变化，但县级和乡镇级草地面积是处于波动下降的状态。

二 中国草原生态系统的类型

中国现行的草地分类系统分为类、组、型三级。第一级"类"是具有相同水热气候带特征和植被特征，具有独特地带性的草地，各类之间的自然特征和经济利用特征有质的差异。我国草原生态系统可划分为18个类、53个组、824个型，具体分类和基本特征见表3-2。在18类天然草原中，高寒草甸类草原面积最大，为6372万公顷，占我国草原面积的16.22%，主要分布在青藏高原地区及新疆。温性荒漠类草原面积为4506万公顷，高寒草原类草原面积为4162万公顷，温性草原类草原面积为4110万公顷，这三类草原各占全国草原面积的10%以上，分别居第二、三、四位，主要分布在我国北方和西部地区。面积较小的5类草原分别是高寒草甸草原类、高寒荒漠类、暖性草丛类、干热稀树灌草丛类和沼泽草甸类草原，面积均不超过全国草原面积的2%。其余各类草原面积分别占全国草原面积的2%～7%。

表 3-2　我国草原生态系统的分类和基本特征

序号	草地类	基本特征
1	温性草甸草原类	在温带半湿润、半干旱的气候下形成，我国主要分布在东北松嫩平原、大兴安岭西麓、大兴安岭南段等，草层较高，覆盖度较大，产草量高、质量好，是我国重要的天然放牧地和割草地，约占我国草原总面积的3.7%
2	温性草原类	在半干旱气候条件下发育形成，我国主要分布在北纬32°～35°、东经104°～115°的半干旱气候区内，基本呈东北－西南向的带状分布。温性草原类面积占全国草原总面积的10.46%，在草业生产中具有很重要的作用
3	温性荒漠草原类	发育于温带干旱地区，我国分部于温性典型草原往西的狭长区域内，东西长约4920公里。温性荒漠草原是中温型草原中最干旱的一类，占我国草原总面积的4.82%
4	高寒草甸草原类	高山（高原）亚寒带、寒带、半湿润、半干旱地区的地带性草地。我国主要分布在西藏、青海和甘肃，占全国草原总面积的1.75%
5	高寒草原类	在高山和青藏高原寒冷干旱的气候条件下，由抗旱耐寒的多年生草本植物或小半灌木为主所组成的一种草地类型。我国集中分布在青藏高原的中西部，在西部温带干旱各大山地的垂直地带上也有。该类草地占全国草原总面积的10.6%
6	高寒荒漠草原类	在高原（高山）亚寒带、寒带寒冷干旱的气候条件下，由强旱生多年生草本植物和小半灌木组成。是高寒草原与高寒荒漠的过渡类型
7	温性草原化荒漠类	在温带干旱气候条件下，以强旱生的荒漠半灌木、灌木为建群种的一类过渡性草地类型。在内蒙古西部、甘肃、宁夏北部和新疆阿勒泰山前地带有窄状分布

序号	草地类	基本特征
8	温性荒漠类	在极端干旱与严重缺水的生境条件下，由耐旱性很强的超旱生半灌木、灌木和小乔木为主组成的一种草地类型。集中分布在我国西北部干旱地区。温性荒漠是我国草原的重要组成部分，占全国草原总面积的 11.47%
9	高寒荒漠类	在寒冷和极端干旱的高原或高山亚寒带气候条件下，由超旱生垫状半灌木、垫状或莲座状草本植物为主发育形成的草地类型。高寒荒漠多位于高海拔（4000 米以上）的内陆高山和高原
10	暖性草丛类	在暖温带落叶阔叶林区域，由于森林植被连续受到破坏，原来的植被在短时间内不能自然恢复，而以多年生草本植物为主形成的一种植被基本稳定的次生草地类型
11	暖性灌草丛类	暖温带森林灌丛植被破坏后，形成的相对稳定的次生植被。我国主要分布在暖温带地区东南部湿润、半湿润地带和亚热带海拔 1000~2500 米的山地垂直带
12	热性草丛类	在我国亚热带、热带的湿润气候条件下，在森林植被连续破坏或者耕地多年撂荒后，形成的以多年生草本植物为主体的一种基本稳定的草地类型。该类草地占全国草原总面积的 3.62%
13	热性灌草丛类	热带、亚热带气候条件下，由于原来的森林植被遭到反复的砍伐，形成的一种以多年生草本植物为主体、植被相对稳定的次生草地类型
14	干热稀树灌草丛类	在我国热带地区和亚热带河谷底部极端干热的气候条件下，由森林破坏后而次生形成的草地类型。该类草地占全国草原总面积的 0.22%
15	低地草甸类	在土壤湿润或地下水丰富的生境条件下，由中生、湿中生多年生草本植物为主形成的一种隐域性草地类型。低地草甸分为低湿地草甸、盐化低地草甸、滩涂盐生草甸、沼泽化低地草甸四个亚类

续表

序号	草地类	基本特征
16	山地草甸类	在低温带气候带降水充沛的生境条件下，在山地垂直带上由丰富的中生草本植物发育形成的一种草地类型
17	高寒草甸类	在高原或高山亚寒带和寒带的湿润气候条件下形成的矮草草群占优势的草地类型
18	沼泽草甸类	在地表终年积水或季节性积水的条件下，以多年生湿生植物为主形成的一种隐域性的草地类型

资料来源：根据侯向阳主编《中国草地科学》的资料整理，科学出版社，2013。

　　需要特别说明的是，草地、荒漠和湿地生态系统在空间和面积上存在交叉重叠，具体情况如下。第一，我国西北部的广阔区域为荒漠草地生态系统，包括内蒙古西部、河西走廊、新疆及青海的柴达木盆地，气候干旱、年降水量不超过200毫米。该区域主要是荒漠，形成了以灌木、小半灌木为主的荒漠草地。这部分草地与荒漠面积在很大程度上是重合的，荒漠草地既包括在草地面积中也大部分包括在荒漠面积中。第二，高寒草地主要集中在青藏高原，包括青海、西藏、甘肃西南部、四川和云南的西北部。在高原区，由东南向西北依次分布着高寒灌木草原、高寒草原、高寒草甸草原、高寒荒漠草地，这部分面积既包括在草地中也大部分包括在荒漠中。第三，草甸生态系统和沼泽生态系统既包括在草原中也大部分包括在湿地中。第四，在内蒙古东北部的呼伦贝尔以草甸草原生态系统为主，在草甸草原向森林草原过渡带存在草地面积与林地面积的重叠。由此导致的问题是：管理中存在交叉，数据中存在重复，监测中存在真空。

三　世界主要草原国家的草地面积

根据 2000 年世界资源研究所的数据①，草原覆盖了世界上 11700 万平方公里的植被地带，按国别统计主要分布在 40 多个国家和地区，其中 28 个国家和地区为世界主要拥有草原的国家和地区。在这 28 个国家和地区中草原的分布特征如下。第一，按草地面积排名前五位的国家和地区是：澳大利亚、俄罗斯联邦、中国、美国和加拿大，面积分别为：6576417 平方公里、6256518 平方公里、3928000 平方公里、3384086 平方公里和 3167559 平方公里（见图 3 - 2）。第二，按草地占国土面积的比例排名前五位的国家和地区是：中非共和国、博茨瓦纳、索马里、澳大利亚和蒙古国，占国土面积的比例分别为 89.20%、87.75%、86.69%、85.36 %和 83.89%（见图 3 - 3）。第三，从国家数量在各大洲的分布看，撒哈拉以南非洲的国家为 15 个，占总样本的 53.57%。

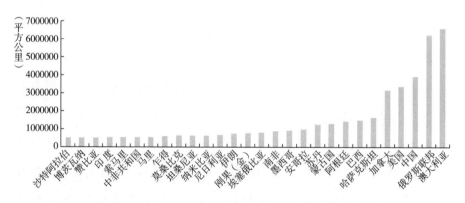

图 3 - 2　世界 28 个主要草原国家和地区草原面积的排序

---

① 转引自侯向阳主编《中国草原科学》（上册），科学出版社，2013，第 334 页。

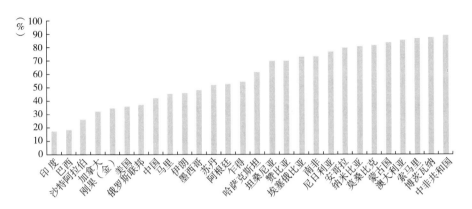

图 3-3 世界 28 个主要草原国家草原面积占国土面积比例的排序

第二节 中国草原生态系统质量的变化

一 草地退化

草地资源突出的经济特性之一是易退化。草地退化是指不合理的管理、超限度的利用以及不利的生态地理条件所造成的草地生产力衰退与环境恶化的过程，其中，草原植被退化是草原退化的主要表现之一。我国草地大多位于干旱、寒冷地区，生态系统比较脆弱，容易受外力影响而发生不同程度的草地退化。在气温与降水适宜的条件下，可以自然恢复更新。草地退化的原因是人类活动与气候变化共同作用的结果。从生态学的视角看，草地退化是在放牧、开垦等人为活动影响下草地生态系统远离顶级的状态。但草地退化与草地群落逆行演替并不等同，顶级状态未必利用价值最高，适当利用虽会发生逆行演替，但价值提高，因此不能称之为退化。

草原普遍退化是 20 世纪 80 年代草原和荒漠利用及保护中存在的突出问题。退化的表现：一是草群变稀疏低矮，产草量降低；二是草质变坏，草群中优良牧草减少，杂草、毒草增加；三是生境条件劣化（旱化、沙化和盐渍化）。据统计，内蒙古牧区退化草场面积在 2000 万公顷以上，约占可利用草场的 1/3，其中锡林郭勒盟镶黄旗退化草场面积达 61%。内蒙古天然草场的产草量，因退化而下降了 40%～60%。草场退化的主要原因是牲畜的发展与草场生产力不相适应，草场建设和管理工作跟不上。①

截至 2011 年，我国草原生态仍然呈现"点上好转、面上退化，局部改善、总体恶化"的局面，全国约 90% 的可利用天然草原出现不同程度的退化，草原生产力严重下降，有些草原完全丧失生产能力，季节性和永久性裸地面积不断扩大，导致草原生态功能弱化，加剧了水土流失、泥石流等自然灾害的发生。②

到 2015 年底，我国草原生态系统的总体特征是：全国天然草原鲜草总产量连续 5 年超过 10 亿吨，草原生态总体向好。"十二五"时期以来的几年，是我国草原生态保护建设力度最大的时期，是草原畜牧业转型发展最快的时期，也是牧民收入增加最多的时期。"政策好、人努力、天帮忙"，牧区生态、牧业生产和牧民生活发生可喜变化。但由于草原生态系统功能的恢复是个长期的过程，目前还处于起步阶段，草原生态环境仍很脆弱，加之草原旱灾、火灾、雪灾等自然灾害和鼠虫害等生物灾害频发，确保草原生态持续恢复的压力依然较大。③

---

① 中国自然保护纲要编写委员会编《自然保护纲要》，中国环境科学出版社，1987。

② 高鸿宾：《牢牢抓住机遇 强化执法监督 努力推动草原保护建设再上新台阶》，农业部畜牧业司，http：//www. xmys. moa. gov. cn，2011 年 9 月 21 日。

③ 农业部草原监理中心：《2015 年全国草原监测报告》，中国草原网，http：//www. grassland. gov. cn，2016 年 3 月 1 日。

二　中国草原生态系统的变化

本部分通过天然草原产草量的变化、草原综合植被盖度的变化、草地等级变化和内蒙古锡林郭勒草原生态系统变化来刻画我国草原生态系统的变化。

（一）天然草原产草量的变化

自 2005 年起，中国政府的草地主管部门开始全国性草原监测工作，并发布《全国草原监测报告》，我国草原生态系统变化有了可以比较的数据基础。

根据 2005～2015 年《全国草原监测报告》中可以利用的数据，2005～2015 年我国天然草原的产草量从 93784 万吨增加到 102806 万吨，其中，产草量最高年份为 2013 年，产草量为 105581 万吨，整体呈现波动上升趋势（见图 3-4）。2011 年以来全国天然草原总产草量连续 5 年超过 10 亿吨，"十二五"时期年均总产草量较"十一五"时期增加 8.4%。

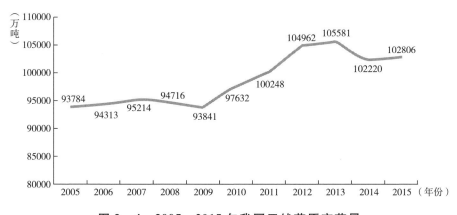

图 3-4　2005～2015 年我国天然草原产草量

（二）草原综合植被盖度的变化

2011～2015年，中国草原综合植被盖度①由51.0%提高到54.0%，2015年较2011年提高3个百分点，其中，草原综合植被盖度最高的年份是2013年，数值为54.2%（见图3-5）。

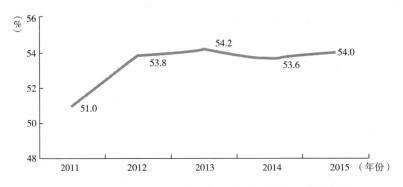

图3-5 2011～2015年中国天然草原综合植被盖度

从产草量和综合植被盖度的变化判断，我国草原生态系统呈现恢复的态势。2014年和2015年天然草原产草量和植被盖度遭遇了一定程度的旱灾从而出现波动下降的趋势，开始恢复的草原生态系统仍显脆弱，全面恢复草原生态需要持续地保护。

三 中国草地等级的变化

按照天然草原牧草单产高低确定草地等级，全国草地划分为八级。一、二级草地以热性及暖性草丛类和灌草丛类为主，分布于我国东南和西南地区，产草量3000千克/公顷以上；三级草地以

---

① 综合植被盖度，是指某一区域各主要草地类型的植被盖度与其所占面积比重的加权平均值。

沼泽类和低地草甸类为主，分布于我国东北和华北地区，产草量2000～3000千克/公顷；四、五级草地以温性草甸草原类及高寒草甸类为主，多分布于我国东北部及青藏高原东部，产草量1000～2000千克/公顷；六、七、八级草地以温性草原类、温性荒漠草原类和荒漠类等为主，广泛分布于我国西部，产草量在1000千克/公顷以下。

从表3-3可以看出，草地等级变化的特征如下：第一，一、二级草地呈现波动下降趋势；第二，三、四级草地2009年以后呈现总体上升趋势，但尚未达到20世纪70年代水平；第三，五、六级草地2009年以后基本呈现上升趋势，且已经超过20世纪70年代水平；第四，七、八级草地自2009年以后基本呈现下降趋势。概括地说，2009年以后我国草地等级总体水平在提高，但尚未达到20世纪70年代的水平。此外，根据农业部的监测结果，内蒙古锡林郭勒草原生态系统质量正在逐步恢复过程中（见专栏3-1）。

表3-3 中国草地等级的变化

单位：%

年　份	一、二级	三、四级	五、六级	七级	八级
20世纪70年代	9.0	18.0	33.0	18.0	22.0
2009	7.0	12.0	19.0	22.0	40.0
2010	8.0	13.0	26.0	20.0	33.0
2011	7.0	15.0	29.0	19.0	30.0
2013	6.0	16.2	34.1	17.9	25.8
2014	5.8	14.8	33.8	17.8	27.8

数据来源：20世纪70年代数据来自李周、孙若梅《中国生态安全评论》，金城出版社、社会科学文献出版社，2014；2009年以来的数据来自各年度《全国草原监测报告》。

专栏 3 - 1　内蒙古锡林郭勒草原生态系统变化 --------------------------

2013 年，农业部草原监理中心组织内蒙古草原勘察规划院等单位，在内蒙古开展了锡林郭勒草原生态综合监测评价工作，监测结果如下。

第一，20 世纪 80 年代至 21 世纪初，锡林郭勒草原生态加剧退化。与 20 世纪 80 年代相比，2002 年草原植被盖度下降，牧草产量降低，一年生杂草量增加。其中，草甸草原的平均盖度降低 15 个百分点，草群平均高度降低 2.2 厘米，每公顷牧草鲜重降低 1460.2 千克，一年生牧草比例增加 8 个百分点；温性典型草原的平均盖度降低 6 个百分点，草群平均高度降低 17.9 厘米，每公顷牧草鲜重降低 786.7 千克，一年生牧草比例增加 21.3 个百分点；温性荒漠草原的平均盖度降低 1.9 个百分点，草群平均高度降低 0.3 厘米，每公顷牧草鲜重降低 109.4 千克，一年生牧草比例增加 22.3 个百分点。

第二，21 世纪初以来，锡林郭勒草原生态逐步恢复。与 21 世纪初相比，2013 年锡林郭勒草原盖度和牧草产量明显提高，草群中多年生牧草比例有所增加，草群中一年生植物比例显著降低，草原生态系统功能正在逐步恢复。其中，温性典型草原的平均盖度增加 5.8 个百分点，每公顷牧草鲜重增加 59.2 千克，一年生杂草所占比例降低 16.6 个百分点。但与 20 世纪 80 年代相比，优良的多年生牧草种类仍较少，种群密度仍较低，一年生杂草种群密度较高，除盖度较接近外，各类型草原牧草高度、产量均较低，生态状况还没有恢复到 20 世纪 80 年代的水平。

第三节　中国草原生态系统可持续管理政策与项目

中国草原生态系统可持续管理的政策和项目包括：草畜平衡制度，轮牧、休牧和禁牧制度，基本草地保护制度和草原生态补偿政策。近年来，草原的生态功能逐渐得到重视，国家启动实施了退牧还草、京津风沙源治理、西南岩溶地区草地治理试点等生态建设工程，集中治理生态脆弱和严重退化草原，取得了明显成效。"十二五"时期，国家持续加大草原保护建设力度，累计投入中央资金 1018 亿元，是"十一五"时期中央投资的 6 倍。草原生态补偿政策在牧区全面实施，落实草原禁牧面积 12.3 亿亩、草畜平衡面积 26.1 亿亩。①

一　草畜平衡管理

超载过牧是草原退化和破坏的主要原因，草畜平衡管理是退牧还草工程中一项政策措施，目标是通过调节草原过牧现象，达到草畜系统平衡，实现草地生态系统健康和草地畜牧业可持续发展。具体地讲，是通过家畜管理和饲料管理，在一定时段内实现草原和从其他途径获得的可利用饲草饲料总量与饲养的牲畜所需饲草饲料量的动态平衡。

实现草畜平衡管理的前提是草原监测，即首先要了解区域的草地生产力状况和草畜平衡现状。目前调查草地生产力和载畜量的方式包括草地野外调查、卫星和航空遥感监测。草地野外调查

---

① 农业部草原处：《"十二五"时期我国草原生态持续改善》，http://www.xmys.moa.gov.cn，2016 年 3 月 8 日。

数据精度和可信度高，但受到监测网络不足和人工成本高的制约；卫星和航空遥感监测是大空间尺度下提供草地生物量动态信息的重要工具，利用遥感信息通过模型可以得到草地生物量的数据。重要的基础工作是监测不同草地类型在不同季节草地生物量的动态变化，为草地平衡政策的制定和实施提供依据。根据草原监测报告中的数据，可以发现全国重点天然草原①平均牲畜超载率的变化（见表 3 - 4）具有以下特征。

表 3 - 4　全国重点天然草原平均牲畜超载率

单位：%

年份	全国平均		268 个牧区半牧区县（旗、市）		其中			
					牧区县（旗、市）		半牧区县（旗、市）	
	水平	变化幅度	水平	变化幅度	水平	变化幅度	水平	变化幅度
2008	32.0	—	—	—	—	—	—	—
2009	31.2	- 2.50	—	—	—	—	—	—
2010	30.0	- 3.85	44.0	—	42.0	—	47.0	—
2011	28.0	- 6.67	42.0	- 4.55	39.0	- 7.14	46.0	- 2.13
2012	23.0	- 17.86	—	—	—	—	—	—
2013	16.8	- 26.96	21.3	- 24.64	22.5	- 21.15	17.5	- 30.98
2014	15.2	- 9.52	19.4	- 8.92	20.6	- 8.44	15.6	- 10.86
2015	13.5	- 11.18	17.0	- 12.37	18.2	- 11.65	13.2	- 15.38

第一，2008 ~ 2015 年，全国重点天然草原平均牲畜超载率呈现持续下降的趋势，从 2008 年的超载 32.0% 下降到 2015 年的

---

① 全国重点天然草原，指我国北方和西部分布相对集中的天然草原，也是我国传统的放牧型草原集中分布区，涉及草原面积 3.37 亿公顷。

13.5%，下降速度最快的是 2013 年；第二，268 个牧区半牧区县（旗、市）的超载率高于全国的平均水平，但两者的差距在持续缩小；第三，牧区县（旗、市）和半牧区县（旗、市）的超载率呈现持续下降趋势，2010～2015 年牧区县和半牧区县分别从 42.0%和 47.0%下降到 18.2%和 13.2%，2011 年牧区县的下降速度快于半牧区县，2013～2015 年半牧区县下降的速度快于牧区县。

目前实现草畜平衡的难点如下。第一，由于草地生产力以及牲畜生产存在很大的季节性和跨年度的波动性，以至于按照年度制定的草畜平衡管理方案虽具有战略意义，但可操作性受到挑战，迫切需要考虑不同草地类型、不同季节、不同畜种的草地动态平衡策略方案。第二，草地生产力状况是监测的重要内容，也是难点。因为草地生产力随每年的水热条件变化而变化，是一个动态过程；按照年度核定的草畜平衡固定数值必定会出现一些年度过牧、一些年度利用不足的现象，导致无法实现草畜平衡管理的目标。由此得出的政策含义是，监测的重点从草地生产力到草原生态系统健康，从年度的草畜平衡管理到跨年度的波动性风险管理。

二 草原生态建设工程

草原生态建设工程包括退牧还草、京津风沙源治理、西南岩溶地区草地治理试点等重大草原生态工程项目。

（一）退牧还草

退牧还草工程意在缓解草原过牧，修复草原生态系统。2002年，我国退牧还草工程经国务院正式批准在西部 11 个省份实施，标志着我国将草原生态建设提到重要议事日程；2003 年，退牧还草工程正式启动，采取草场围栏封育、禁牧、休牧、划区轮牧，适当建设人工草地和饲草料基地，大力推行舍饲圈养。同年，国家发改委、国家粮食局等八部委联合下发《退牧还草和禁牧舍饲陈化粮供应监管暂行办法》，对退牧还草和禁牧舍饲补助标准给出了明确规定，2005 年农业部下发《关于进一步做好退牧还草工程实施工作的通知》。从 2004 年起，国家加大退牧还草工程的支持力度，原则上将退牧还草户补助由饲料粮改为现金。2005 年国务院对 2003 年下达的退牧还草工程主要政策进行调整和完善，提出的目标是：力争 5 年内使工程区内退化的草原得到基本恢复，天然草场得到休养生息，达到草畜平衡，实现草原资源的永续利用，建立起与畜牧业可持续发展相适应的草原生态系统。显然，这一阶段的目标有些过于宏大而难以实现，特别是草原生态系统保护与畜牧业发展相适应的思路存在偏差。

2011 年 8 月，国家发改委、农业部和财政部发布《关于印发完善退牧还草政策的意见的通知》（发改西部〔2011〕1856 号），这是进一步完善退牧还草政策的重要举措。该通知决定"十二五"时期安排退牧还草围栏建设任务 5 亿亩，配套实施退化草原补播改良任务 1.5 亿亩；在相关地区建设舍饲棚圈和人工饲草地，以解决退牧后农牧户饲养牲畜的饲料短缺问题；提高相关中央投资补助比例和标准，并将饲料粮补助改为草原生态保护补助奖励；明确提出实行禁牧封育的草原原则上不再实施围栏建设，今后重点安排划区轮牧和季节性休牧围栏建设，并与推行草畜平衡挂钩。[①]

---

① 中国社会科学院农村发展研究所、国家统计局农村社会经济调查司：《中国农村经济形势分析与预测（2011～2012）》，社会科学文献出版社，2012。

退牧还草工程从 2003 年开始实施，到 2015 年工程累计投入中央资金 235.7 亿元。其中"十二五"时期每年投入中央资金 20 亿元。2015 年，退牧还草工程实施范围包括内蒙古、辽宁、吉林、黑龙江、陕西、宁夏、新疆（含新疆生产建设兵团）、甘肃、四川、云南、贵州、青海、西藏 13 个省份，安排草原围栏建设任务 267.4 万公顷、退化草原补播改良 88.6 万公顷、人工牧草地建设 16.1 万公顷、岩溶地区草地治理 8 万公顷、已垦草原治理试点 0.67 万公顷（甘肃环县）、黑土滩治理试点 1.34 万公顷（青海）、毒害草治理 0.67 万公顷（新疆），以及 13.4 万户牧民牲畜舍饲棚圈建设改造，在保护草原生态环境、促进草原畜牧业转型升级、改善牧区民生方面发挥了重要作用。

（二）京津风沙源治理

京津风沙源治理工程于 2000 年启动实施，工程通过采取多种生物措施和工程措施，有力遏制了京津及周边地区土地沙化的扩展趋势。

2000~2010 年，中央累计投入资金 44 亿元，2011~2015 年中央累计投入资金约 17 亿元。其中，2015 年中央投入资金 4.44 亿元，在北京、天津、河北、山西、内蒙古、陕西 6 个省份共安排京津风沙源草原治理任务 13.1 万公顷，其中人工牧草地 4.2 万公顷、飞播牧草 666.7 公顷、围栏封育 8.55 万公顷、草种基地 0.28 万公顷；建设牲畜舍饲棚圈 151.73 万平方米；建设青贮窖 42.5 万立方米、贮草棚 23.23 万平方米。该工程既是林业生态工程，更是草原生态建设和土地退化治理工程，从总体上遏制了沙化土地的扩展趋势，北京周边生态环境得到明显改善。

（三）西南岩溶地区草地治理试点工程

西南岩溶地区草地治理试点工程于 2006 年开始在贵州和云南实施。2006～2015 年，中央资金累计投入 5.31 亿元；2011 年、2013 年、2014 年和 2015 年中央资金投入分别为 1.37 亿元、0.43 亿元、1.2 亿元和 1.2 亿元，各年度安排建设石漠化草地治理任务分别为 13.3 万公顷、3.83 万公顷、8 万公顷和 8 万公顷。

（四）工程的效果

根据《全国草原监测报告》中的数据，草原生态建设工程区的草原生态系统质量明显高于非工程区，具体指标是：2011～2015 年草原生态建设工程区的植被盖度高出非工程区 8%～11%，植被高度平均增加 35.1%～63.0%，鲜草产量平均增加 40.5%～57.2%（见表 3-5）。

表 3-5　草原生态建设工程区与非工程区的比较

单位：个，%

年份	监测项目县（市、旗、团场）数量	工程区与非工程区比较		
		植被盖度增加	植被高度平均增加	鲜草产量平均增加
2011	139	10	42.8	49.9
2013	137	11	35.1	57.2
2014	115	8	63.0	40.5
2015	106	11	53.1	52.7

进一步分析退牧还草、京津风沙源治理工程和西南岩溶地区草地治理试点这三大草原生态建设工程的效果可以发现以下特征（见表 3-6）。

表 3 - 6 三大草原生态建设工程的效果

项 目	退牧还草		京津风沙源治理工程		西南岩溶地区草地治理试点	
工程时段	2010 年	2015 年	2010 年	2015 年	2010 年	2015 年
工程区平均植被盖度比例（％）	71.0	67.0	61.0	75.0	—	—
盖度比非工程区高出的比例（％）	12.0	9.0	15.0	18.0	7.0	11.0
工程区平均植被高度（厘米）	19.1	14.8	27.7	27.9	—	—
高度比非工程区高出的比例（％）	37.9	48.0	54.1	69.6	39.2	12.8
工程区平均鲜草产量（千克/公顷）	3470.7	2791.0	3851.6	5232.6	—	—
鲜草产量比非工程区提高比例（％）	49.1	40.2	81.1	93.0	42.7	33.3

第一，平均植被盖度的变化。2015 年与 2010 年比较，退牧还草工程区平均植被盖度比例降低了 4 个百分点，京津风沙源治理工程区提高了 14 个百分点；2010 年和 2015 年工程区高度比非工程区高出的比例在退牧还草工程区分别为 12.0% 和 9.0%，在京津风沙源治理工程区分别为 15.0% 和 18.0%，西南岩溶地区草地治理试点工程区分别为 7.0% 和 11.0%。

第二，平均植被高度的变化。2015 年与 2010 年比较，退牧还草工程区平均植被高度减少了 4.3 厘米，京津风沙源治理工程区增加了 0.2 厘米；2010 年和 2015 年工程区高度比非工程区高出的比例，退牧还草工程区分别为 37.9% 和 48.0%，京津风沙源治理工程区分别为54.1%和69.6%，西南岩溶地区草地治理试点工程区分别为39.2%和12.8%。

第三，平均鲜草产量的变化。2015年与2010年相比，退牧还草工程区平均鲜草产量下降679.7千克/公顷，京津风沙源治理工程区增加了1381千克/公顷；2010年和2015年工程区鲜草产量比非工程区高出的比例，退牧还草工程区分别为49.1%和40.2%，京津风沙源治理工程区分别为81.1%和93.0%，西南岩溶地区草地治理试点工程区分别为42.7%和33.3%。

三 草原生态保护补助奖励政策

2010年10月，国务院常务会议决定，建立草原生态保护补助奖励制度促进牧民增收。会议决定，从2011年起，在内蒙古、新疆（含新疆生产建设兵团）、西藏、青海、四川、甘肃、宁夏和云南8个主要草原牧区省份，全面建立草原生态保护补助奖励机制，包括实施禁牧补助、草畜平衡奖励和落实对牧民的生产性补贴政策，加大对牧区教育发展和牧民培训的支持力度，促进牧民转移就业。按照国务院常务会议决定，该制度涉及8个省份的草原，面积为37.1亿亩（其中禁牧面积为11.6亿亩，草畜平衡面积为25.5亿亩），268个牧区半牧区县，200万户牧民，约占全国草原面积的63%。

实行禁牧和草畜平衡监管，是落实草原生态保护补助奖励政策的核心和关键。由于没有成熟的经验可借鉴，在实施中面临不少工作难点。比如，草原承包所涉及的草场权属纠纷、承包不到位不规范、机动草场等问题，牧民身份认定和政策受益对象确定问题，禁牧区管理、草畜平衡管理和减畜问题，草原执法监督和违法违规行为处置问题。①

截至 2014 年底,草原生态保护补助奖励政策实施范围涵盖 13 个省份的所有牧区半牧区县,全年完成草原禁牧 1.04 亿公顷,草畜平衡 1.73 亿公顷,新增人工种草 1066.7 万公顷,新增草原围栏 470.1 万公顷。②

2011～2015 年草原生态保护补助奖励的标准如下:草原禁牧补助的中央财政测算标准为每年平均 6 元/亩,草畜平衡补助奖励的中央财政测算标准为每年平均 1.5 元/亩,牧民生产资料综合补贴标准为每年每户 500 元,牧草良种补贴标准为每年平均 10 元/亩。③ 为建立健全激励和约束机制,确保政策落到实处,提高资金使用效益,财政部会同农业部根据《中央财政草原生态保护补助奖励资金绩效评价办法》,对相关省份 2013 年草原生态保护补助奖励机制的实施情况进行综合性绩效评价。2014 年,中央财政以绩效评价结果为重要依据,统筹考虑草原面积、畜牧业发展情况等因素,拨付奖励资金 20 亿元,用于草原生态保护绩效评价奖励。④ "十二五"时期,中央财政累计投入资金 773.6 亿元。

---

① 马有祥:《落实草原新政要有突破难点》,中国草原网,http://www.grass-land.gov.cn/Grassland – new/Item/3373.aspx,2011 年 11 月 16 日。

② 马有祥:《落实草原新政要有突破难点》,中国草原网,http://www.grass-land.gov.cn/Grassland – new/Item/3373.aspx,2011 年 11 月 16 日。

③ 《中央财政农业资源及生态保护补助资金管理办法》(财农〔2014〕32 号),财政部网站,http://nys.mof.gov.cn/zhengfuxinxi/czpjZhengCeFaBu_2_2/201406/t20140625_1104152.html,2014 年 6 月 9 日。

④ 财政部农业司:《中央财政拨付资金 20 亿元支持草原生态保护补助奖励机制绩效评价奖励》,财政部网站,http://nys.mof.gov.cn/zhengfuxinxi/bgtGong-ZuoDongTai_1_1_1_3/201411/t20141106_1156241.html,2014 年 11 月 7 日。

2016年3月，《农业部办公厅财政部办公厅关于印发〈新一轮草原生态保护补助奖励政策实施指导意见（2016—2020年）〉的通知》指出，经国务院批准，"十三五"时期国家将在河北、山西、内蒙古、辽宁、吉林、黑龙江、四川、云南、西藏、甘肃、青海、宁夏、新疆13个省份以及新疆生产建设兵团和黑龙江省农垦总局，启动实施新一轮草原生态保护补助奖励政策，其任务目标和政策内容如下。

第一，任务目标。通过实施草原生态保护补助奖励政策，全面推行草原禁牧休牧轮牧和草畜平衡制度，划定和保护基本草原，促进草原生态环境稳步恢复；加快推动草牧业发展方式转变，提高特色畜产品生产供给水平，促进牧区经济可持续发展；不断拓宽牧民增收渠道，稳步提高牧民收入水平，为加快建设生态文明、全面建成小康社会、维护民族团结和边疆稳定做出积极贡献。

第二，政策内容。在8个省份实施禁牧补助、草畜平衡奖励和绩效评价奖励；在5个省份实施"一揽子"政策和绩效评价奖励，补助奖励资金可统筹用于国家牧区半牧区县草原生态保护建设，也可延续第一轮政策的好做法，具体内容如下。①禁牧补助。对生存环境恶劣、退化严重、不宜放牧以及位于大江大河水源涵养区的草原实行禁牧封育，中央财政按照每年7.5元/亩的测算标准给予禁牧补助。5年为一个补助周期，禁牧期满后，根据草原生态功能恢复情况，继续实施禁牧或者转入草畜平衡管理。②草畜平衡奖励。对禁牧区域以外的草原根据承载能力核定合理载畜量，实施草畜平衡管理，中央财政对履行草畜平衡义务的牧民按照每年2.5元/亩的测算标准给予草畜平衡奖励。引导鼓励牧民在草畜平衡的基础上实施季节性休牧和划区轮牧，形成草原合理利用的长效机制。③绩效考核奖励。中央财政每年安排绩效评价奖励资金，对工作突出、成效显著的省份给予资金奖励，由地方政府统筹用于草原生态保护建设和草牧业发展。

新一轮草原生态补助奖励政策有两点变化：第一，提高了补助奖励标准，将禁牧补贴和草畜平衡补贴分别从6元/亩和1.5元/亩提高到7.5元/亩和2.5元/亩；第二，调整了补贴内容和方式，取消了牧民生产资料综合补贴和牧草良种补贴，注重发挥绩效考核的作用。

第四章　中国土地荒漠化的状况与可持续管理

　　由于气候变化和人为活动影响而发生的土地荒漠化，是陆地生态系统保护和恢复中的重大挑战。我国是世界上荒漠化最严重的国家之一，进入21世纪，我国曾经持续了几十年的荒漠化扩展态势出现扭转，但其缩减仍处在脆弱和不稳定状态。为此，十三五规划（2016～2020年）明确提出我国防治荒漠化的目标：今后五年中国将治理沙化土地1000万公顷，力争到2020年使全国50%以上可治理沙化土地得到治理。本章的内容包括三节，第一节阐述荒漠生态系统和土地荒漠化的概念；第二节利用不同渠道的数据刻画中国土地荒漠化和沙化的状况，利用2000年以来的第三次、第四次、第五次《中国荒漠化和沙化状况公报》具有可比性的数据进行分析，为可持续管理提供依据；第三节是土地荒漠化的防治与可持续管理。

第一节　荒漠生态系统和土地荒漠化

一　荒漠生态系统

荒漠指气候干旱、植被稀疏矮小、荒凉贫瘠且地域广袤的自然地带。自然界的气候是渐变的，从一个气候类型区到另一个类型区也是渐变的。因此，相邻两个气候区之间都有一个过渡带。森林草原是森林向草原的过渡带，荒漠草原是草原向荒漠的过渡带。荒漠草原不是典型的草原，也不是典型的荒漠，常将其称为半荒漠。

从自然地理学的概念出发，根据地面组成物质不同，将荒漠分为岩漠（石漠）、砾漠、沙漠、泥漠、盐漠以及高纬度或高山地带的寒漠。岩漠和砾漠在我国习惯上称为戈壁，沙漠即沙质荒漠，是荒漠中最广泛的一种类型。

从生态学的概念出发，荒漠生态系统是干旱半干旱区生态类型中的主体，它以极端干旱少雨为显著特征，以超旱生的灌木、半灌木或小灌木为优势的一类生态系统，并涉及其生物群落、生境条件以及与此相关的生态过程。它是在亚热带及温带干旱区极端干旱缺水的生境条件下形成的。荒漠生态系统具有资源丰富和生态脆弱交织的特征。

荒漠生态系统的资源优势和脆弱性表现为以下两点。第一，荒漠生态系统的资源优势为：荒漠地区光热资源充足，土地资源丰富，太阳能开发潜力大；生物资源分布集中，生境类型多，特有资源丰富；矿藏种类多，储量丰富；自然和人文景观独具特色，旅游资源丰富。第二，荒漠生态系统的脆弱性表现为：荒漠地区降水量少、蒸发强烈、时空分布不均，同时水热、水土、水盐关系密切，生态系统物理过程非常剧烈；生物过程微弱，生物生态系统规模小、稳定性低、抗干扰能力差。在人类经济活动影响下，表现出河流缩短或断流，湖泊萎缩或干枯，水质咸化；植被面积缩小、质量下降，天然草场严重退化；荒漠化规模扩大和过程加剧，灾害频繁。

二 中国荒漠的分布

中国的荒漠总面积有 250 万平方公里左右，典型荒漠主要分布在两大区域。第一，分布在年降水量低于 150 毫米的地区，半荒漠主要分布在年降水量 150~200 毫米的地区，其范围大体在内蒙古二连浩特东侧—河套平原东缘—贺兰山以西、祁连山—喀喇昆仑山以北的广阔地带。第二，分布在青藏高原的北部和西北部，这里的海拔多在 4000 米以上，气候寒冷多风，为高寒荒漠。此外，在西南地区干湿季分明的亚热带和热带，如四川、云南、贵州一带的干热河谷中也有零星的非地带性荒漠分布。在省份的分布是：新疆面积最大，其次是内蒙古、青海、甘肃、西藏。绿洲是荒漠的组成部分，荒漠绿洲生活着数千万的人口。例如，新疆的绿洲面积仅占全自治区面积的 4% 多一点，却集中了全自治区 90% 以上的人口。

这里需要再次说明的是，荒漠与草原在空间上有交叉重叠，即草原荒漠和荒漠草原（降水量低于 200 毫米但仍有植被的区域）、高寒草原和高寒荒漠。

荒漠在我国生态安全中具有重要地位。每年冬春季节，来自西伯利亚和蒙古高原的冷空气卷起荒漠中的沙尘，长驱直入，东进南下，不仅对当地的农牧业生产和人民生活带来危害，而且对我国东部、中部和南部地区的大气质量造成严重影响。荒漠是我国境内的沙尘源地，在我国生态安全中，荒漠的生态位极其重要。

三 土地荒漠化

土地荒漠化是指在干旱、半干旱和某些半湿润、湿润地区，由气候变化和人类活动等各种因素造成的土地退化，它使土地生物减少和经济生产潜力降低，甚至基本丧失。荒漠化包括沙漠化、荒漠化、石漠化、盐渍化等。20 世纪 80 年代我国重点监测荒漠化中土地沙化问题，到 90 年代扩展到更宽泛的概念。荒漠化主要为两类：一是原有荒漠生态系统自身受到破坏；二是其他生态系统的荒漠化，即其他生态系统演变为荒漠。

第二节　中国土地荒漠化和沙化的状况

一　全国土地荒漠化面积的变化

在 20 世纪 50 年代到 90 年代的 40 多年间，中国土地荒漠化呈现加剧态势，2000 年开始出现缩减的态势。土地沙化是干旱荒漠区土地退化和荒漠生态系统退化的主要标志，土地沙化的动态变化常被作为评价荒漠生态环境状况的重要指标，由 20 世纪 50 年代以来我国沙化土地的数据可以看到年均变化趋势（见表 4 - 1）。

表 4 - 1　近 60 年来中国沙化土地的年均变化趋势

单位：平方公里

	20 世纪 50～60 年代	20 世纪 70～80 年代	20 世纪 90 年代初期	20 世纪 90 年代末期	1999～2004 年	2004～2009 年	2010～2014 年
年均增加（减少）	1500	2100	2460	3436	-1283	-1717	-1980

数据来源：20 世纪 50 年代到 2009 年数据来自《中国农村经济形势分析与预测（2012～2013）》，社会科学文献出版社，2013；2010～2014 年数据来自第五次《中国荒漠化和沙化状况公报》。

第一，20 世纪 50～60 年代，沙化土地平均每年扩展约 1500

平方公里；20 世纪 70~80 年代，沙化土地平均每年扩展约达 2100 平方公里。可以得到的数据显示：到 20 世纪 80 年代初期"三北"地区沙化面积约 17.6 万平方公里；此外，还有约 15.8 万平方公里的土地有发生沙化的危险。受沙化影响的有 11 个省份、212 个县（旗），耕地面积近 400 万公顷、草场面积近 500 万公顷。沙化面积的 95% 是由各种人为活动引起的。[①] 由此可见，当时"三北"地区不仅存在草原沙化现象，而且耕地沙化也是很严重的问题。

第二，到 20 世纪 90 年代初期和末期，沙化土地平均每年扩展 2460 平方公里和 3436 平方公里。不仅北方干旱、半干旱多风地区有广大的荒漠化土地，而且湿润、半湿润地带，如豫东、豫北平原及唐山市郊、鄱阳湖畔、北京市周边地区，也出现以风沙为标志的沙质荒漠化土地。以水蚀为主形成的岩地及石质坡地荒漠化土地在中国南方也在扩大中。江西红土及花岗岩丘陵地区的土地荒漠化面积占全省面积的比例，从 20 世纪 70 年代的 12.9% 增加到 80 年代的 26.7%。浙江中部红土丘陵土地荒漠化面积占全省面积的比例，从 20 世纪 70 年代的 9.4% 增加到 80 年代的 10.5%。贵州乌江流域的石质荒漠化土地面积已占全流域的 8.6%。

第三，自 2000 年起，我国荒漠化和沙化监测开始进入标准化和规范化的阶段，第三次、第四次、第五次《中国荒漠化和沙化状况公报》数据具有了可比性，为可持续管理提供了依据。从表 4-2 可以看到：2004 年底、2009 年底和 2014 年底的荒漠化面积

---

① 中国自然保护纲要编写委员会编《中国自然保护纲要》，中国环境科学出版社，1987。

分别为 263.61 万平方公里、262.37 万平方公里和 261.16 万平方公里，较上期面积分别减少 1.24 万平方公里和 1.21 万平方公里，下降的比例分别为 0.47% 和 0.46%；同期的沙化面积分别为 173.97 万平方公里、173.11 万平方公里和 172.12 万平方公里，较上期面积分别减少 0.86 万平方公里和 0.99 万平方公里，下降的比例分别为 0.49% 和 0.57%。由此，对我国荒漠化和沙化状况的判断是，连续 3 个监测周期 "双缩减"，荒漠化和沙化的面积持续减少、程度持续减轻，呈现 "整体遏制、持续缩减、功能增强、效果明显" 的良好态势。

表 4 - 2　全国荒漠化和沙化面积的变化

单位：万平方公里，%

年　份	荒漠化			沙　化		
	面积	较上期减少数量	较上期下降比例	面积	较上期减少数量	较上期下降比例
2004	263.61	—	—	173.97	—	—
2009	262.37	1.24	0.47	173.11	0.86	0.49
2014	261.16	1.21	0.46	172.12	0.99	0.57

二　各省份土地荒漠化与沙化面积的变化

截至 2014 年，全国荒漠化土地总面积占国土总面积的 27.20%，分布于北京、天津、河北、山西、内蒙古、辽宁、吉林、山东、河南、海南、四川、云南、西藏、陕西、甘肃、青海、宁夏、新疆 18 个省份的 528 个县（旗、市、区）。分省份荒漠化面积变化的特征是分布集中和主要呈现波动下降趋势，全国和主要省份荒漠化和沙化面积的数据见表 4 - 3。全国荒漠化和沙化面积集中分布在 5 个省份，其启示是需要针对性的区域政策而非全国性的政策。

表 4－3　全国和主要省份荒漠化和沙化面积

单位：万平方公里，%

地区	2000～2004 年（第三次）				2005～2009 年（第四次）				2010～2014 年（第五次）			
	荒漠化面积	占比	沙化面积	占比	荒漠化面积	占比	沙化面积	占比	荒漠化面积	占比	沙化面积	占比
全　国	263.61	—	173.97	—	262.37	—	173.11	—	261.16	—	172.12	—
新　疆	107.16	40.65	74.63	42.90	107.12	40.83	74.67	43.13	107.06	40.99	74.71	43.41
内蒙古	62.24	23.61	41.59	23.91	61.77	23.54	41.47	23.96	60.92	23.33	40.79	23.70
西　藏	43.35	16.45	21.68	12.46	43.27	16.49	21.62	12.49	43.26	16.56	21.58	12.54
甘　肃	19.35	7.34	12.03	6.91	19.21	7.32	11.92	6.89	19.50	7.47	12.46	7.24
青　海	19.17	7.27	12.56	7.22	19.14	7.30	12.50	7.22	19.04	7.29	12.17	7.07
五省份合计	251.27	95.32	162.49	93.40	250.51	95.48	162.18	93.69	249.88	95.64	161.71	93.96

资料来源：《中国荒漠化和沙化状况公报》（第三次、第四次、第五次）。

第一，荒漠化分布集中。2000～2004 年、2005～2009 年和 2010～2014 年的三次监测数据显示，新疆、内蒙古、西藏、甘肃、青海 5 个省份荒漠化面积占全国荒漠化面积的比例分别为 95.32%、95.48% 和 95.64%，即全国荒漠化面积的 95% 以上集中在这 5 个省份，而且集中程度仍呈现上升趋势；截至 2014 年底这 5 个省份的荒漠化面积分别为 107.06 万平方公里、60.92 万平方公里、43.26 万平方公里、19.50 万平方公里、19.04 万平方公里。

第二，荒漠化面积主要呈现波动下降趋势。三次监测数据显示：新疆、内蒙古、西藏、甘肃、青海 5 个省份中，只有甘肃的荒漠化面积呈现出波动上升的趋势，三次监测的荒漠化面积分别为

19.35万平方公里、19.21万平方公里和19.50万平方公里；其他4个省份呈现缓慢下降趋势。

截至2014年，全国沙化土地总面积占国土总面积的17.93%，分布在除上海、台湾及香港和澳门特别行政区外的30个省份的920个县（旗、市、区）。其特征为分布集中和呈现出波动增减态势。

第一，沙化面积分布集中。新疆、内蒙古、西藏、甘肃、青海5个省份沙化面积总和占全国沙化面积的比例在三次监测数据中分别为93.40%、93.69%和93.96%，即全国荒漠化面积的93%以上集中在这5个省份，而且集中程度仍呈现上升趋势；截至2014年底这5个省份的沙化面积分别为74.71万平方公里、40.79万平方公里、21.58万平方公里、12.46万平方公里、12.17万平方公里。

第二，沙化面积呈现波动增减趋势。三次监测数据显示：新疆、内蒙古、西藏、甘肃、青海5个省份中，新疆的沙化面积呈现增加的趋势，内蒙古、甘肃呈现波动趋势，青海、西藏呈现稳中有降趋势。由此可见，我国防治土地沙化仍任务艰巨。

三　中国土地荒漠化与沙化的挑战

监测结果在显示我国土地荒漠化呈现缩减的同时，也显示出我国土地荒漠化和沙化的趋势尚未得到根本改变。我国重点治理的科尔沁沙地、毛乌素沙地、浑善达克沙地、呼伦贝尔沙地、京津风沙源治理工程区等区域生态明显改善，这是防治举措与降水波动增加双重作用的结果。[①] 与此同时，土地荒漠化和沙化趋势尚未

---

① 近10年来，荒漠化主要分布区降水呈波动增加的趋势，本监测期降水量较上一个监测期增加了14.8%，有利于林草植被的建设和生态的自然修复。

根本改变的重要诱因为两点：第一，我国是世界上荒漠化、沙化面积最大的国家，受到利用方式与气候变化的影响，加上长期存在的过度放牧、滥开垦、水资源的不合理利用，一些区域的荒漠化和沙化土地仍在扩展；第二，荒漠化地区植被总体上仍处于初步恢复阶段，自我调节能力较弱，抗逆性较差，极易反弹、退化，特别是当人为活动依然对荒漠植被有较严重的负面影响以及气候变化的不确定性，加大了土地荒漠化、沙化的风险。

第三节　土地荒漠化的防治与可持续管理

一　国际合作防治土地荒漠化的进程

国际社会共同合作防治荒漠化的进程开启于 1977 年，以联合国在肯尼亚首都内罗毕召开的荒漠化会上提出的 "全球防治荒漠化行动纲领" 为标志，这一纲领为土地退化的防治奠定了理论基础。此后的重要进展如下。1992 年，联合国环境与发展大会把防治荒漠化列为《21 世纪议程》的优先行动领域，保护人类自己的家园，加快治理荒漠化已成为世界各国共同的使命，更成为国际科学研究的前沿领域。1994 年，包括中国在内的 112 个国家在巴黎签署了《联合国防治荒漠化公约》（1996 年正式生效），要求世界各国 "动员足够的资金开展防沙化斗争"，为世界各国和各地区制定防治荒漠化纲要提供了依据；我国于 1997 年加入公约并在国家林业局设立了履约办公室。2012 年，在巴西召开的联合国可持续发展大会（里约 +20 峰会）提出了 "全球土地退化零增长" 的愿景，同时指出世界范围内有 15 亿人口直接受到土地退化的威胁，每年有 1200 万公顷可耕地由于土地退化和干旱而流失。2015 年联合国发布的《2030 年可持续发展议程》再次将荒漠化防治列为重要的目标之一。

二 中国防治土地荒漠化的法律和政策

防治土地荒漠化既是重大的生态工程也是重大的社会工程，需要建立法律法规的基础，需要政策和项目的支持，需要防治技术的研发，需要社会力量的参与。

我国大规模制度化的防治土地荒漠化开始于 21 世纪初期，重要的进展是，建立起防治土地荒漠化和沙化的法律和政策基础，通过大规模的生态系统保护与恢复项目扭转土地荒漠化扩展的态势。2000 年，国务院颁布《国务院关于禁止采集和销售发菜制止滥挖甘草和麻黄草有关问题的通知》，这是我国首次出台的有针对性的土地沙化防治政策。2001 年出台的《防沙治沙法》，是我国针对土地荒漠化和沙化防治的一部专门的法律。其他的相关法律和条例包括：《森林法》（1984 年）、《草原法》（1985 年）、《野生动物保护法》（1988 年）、《环境保护法》（1989 年）、《水土保持法》（1991 年）、《退耕还林条例》（2002 年）等。这些法规和政策中普遍推行禁止滥放牧、禁止滥开垦、禁止滥樵采。2005 年，《国务院关于进一步加强防沙治沙工作的决定》明确了推进荒漠化防治的政策措施，要求各级人民政府不断加大对防沙治沙的资金投入，将防沙治沙所需经费和基本建设投入分别纳入同级财政预算和固定资产投资计划。在扶持政策方面，具体规定了建立稳定的投入机制、实行税收优惠和信贷支持、扶持社会主体参与、保障治理者合法权益和合理开发利用沙区资源等政策措施。

最近 5 年，我国土地荒漠化防治的目标逐步清晰和具体，重要的进展是建立了沙化土地封禁保护制度。2011 年，国家林业局批复《全国防沙治沙综合示范区建设规划（2011—2020 年）》，提出通过全面推进和加快示范区建设，力争用 10 年时间，实现示范区可治理沙化土地治理率达到 70%，在生态改善、技术创新、政策机制、产业发展等方面建成一批防沙治沙示范样板项目。2013 年国务院批准《全国防沙治沙规划（2011—2020 年）》，提出我国防沙治沙的目标任务：划定沙化土地封禁保护区，加大防沙治沙重点工程建设力度，全面保护和增加林草植被，积极预防土地沙化，综合治理沙化土地。到 2020 年，使全国一半以上可治理的沙化土地得到治理，沙区生态状况进一步改善。2015 年《国家沙化土地封禁保护区管理办法》中提出：对于不具备治理条件的以及因保护生态的需要不宜开发利用的连片沙化土地，由国家林业局根据全国防沙治沙规划确定的范围，按照生态区位的重要程度、沙化危害状况和国家财力支持情况等分批划定为国家沙化土地封禁保护区。由此标志着我国探索建立了沙化土地封禁保护制度。

三　中国防治土地荒漠化的项目和技术

土地荒漠化与沙化的防治涉及对区域内的各个生态系统的保护，也涉及区域内社会经济发展和人民生活。由此，我国防治荒漠化的项目包括重大森林生态系统项目、草原生态系统项目，如防护林体系建设、退耕还林、退牧还草、京津风沙源治理。我国土地荒漠化防治中具有针对性的项目为石漠化治理、荒漠化监测项目、石漠化综合治理工程以及一些技术与组织的创新。

（一）荒漠化监测项目

监测数据的一致性和准确性，是制约土地荒漠化可持续管理的重要因素之一。例如，2000 年之前和之后荒漠化数据的内涵存在差异，导致 20 世纪 80 年代和 90 年代的数据与 2000 年以后的数据不具有可比性。

1993 年全国防沙治沙会议决定开展全国沙化土地监测，1994年全国荒漠化监测项目开始实施。监测依靠专门监测机构和技术人员，采用人工地面调查和卫星遥感判读相结合的方法，技术指标连续且相对稳定。荒漠化监测项目纳入国家财政预算。项目监测内容包括荒漠化和沙化土地的面积、类型、程度、分布和动态变化，以及荒漠化和沙化土地分布区的植被、土壤、土地利用类型等与干旱区生态环境相关的信息。项目实行每 5 年一次的定期监测成果定期发布制度。①

（二）石漠化综合治理工程

2008 年，国务院批复了《岩溶地区石漠化综合治理规划大纲（2006—2015）》，并先期在 100 个县启动了石漠化综合治理试点。工程建设范围涉及贵州、广西、云南、湖南、湖北、重庆、四川、广东 8 个省份的 451 个县（旗、市、区）。总土地面积为 105.45 万平方公里，岩溶面积 44.99 万平方公里，其中石漠化面积 12.96 万平方公里。工程建设的目的是，通过林草植被建设、改造坡耕地

---

① 杨维西：《荒漠生态建设的进展与展望》，载中国社会科学院农村发展研究所、国家统计局农村经济调查司《中国农村经济形势分析与预测（2012～2013）》，社会科学文献出版社，2013。

和畜牧基础建设来进行石漠化综合治理。监测数据显示：石漠化土地面积年均减少 16 万公顷，人工造林种草和植被保护对石漠化逆转发挥着主导作用，其贡献率达 72%，坡耕地的石漠化呈加剧趋势，年均弃耕面积为 0.48 万公顷，坡耕地质量进一步下降。

（三）治沙的技术与组织创新

土地荒漠化防治取得一定的成效，与我国多年来技术的摸索和社会组织的创新密不可分。作为我国土地荒漠化严重的地区之一的宁夏的做法值得借鉴（见专栏 4-1）。

专栏 4-1　宁夏治沙的技术与组织创新 ································

技术治沙——麦草方格。1 米见方的麦草方格扎到沙下，四五年后，麦草会渐渐腐烂，给流沙注入丰富的有机物质和营养元素。在这个特殊而微妙的生态环境里，先是地衣、蕨类站住了脚，然后是草本植物、灌木、半灌木更替生长。经年累月间，扎下麦草方格的沙地上长满了植被。

麦草方格治沙技术最早可以追溯到 20 世纪 50 年代。1954年，我国第一个沙漠科学研究站在宁夏中卫建立，沙坡头得以扬名，麦草方格治沙技术由此地诞生。小小的麦草方格确保了包兰铁路 60 多年的畅通无阻。与此同时，"五带一体"的沙障技术阻挡了世界罕见的高大流动沙丘和频发的沙尘暴。中卫以铁路为轴线，在其两侧分别建立固沙防火带、灌溉造林带、草障植物带、前沿阻沙带和封沙育草带，五带一体，相生相促。这项在麦草方格基础上拓展延伸的科技成果，于1988 年获国家科技进步特等奖。

　　组织治沙——来自宁夏的白芨滩防沙林场（灵武白芨滩国家级自然保护区）。当地政府防止沙漠扩张的方法属于劳动密集型。该方法仍是扎设草方格，然后在方格中间种树。方格固定地表，减少风力，与此同时还能留住水分。草方格作用惊人，因为它们可以减少沙丘移动，并将这些沙丘变成能够固水的绿洲。有数据统计，这种方式大大减少了毛乌素沙漠移动速度，且当地的土壤有机质含量增加199%，植被覆盖率增加40.6%。

　　当地政府组织农场经营者治沙，农场能从治沙中获得经济收益。农场经营者再雇用农户的劳动力完成治沙任务。重要的是，当地官员对待该项目的态度十分认真，因为治沙是老百姓脱贫的重要途径。

　　重要的启示：一是政府需要走上治理沙漠化的第一线，为防沙竭尽所能；二是需要让农场（牧场）经营者、土地规划者和当地村民等利益相关方都投入防沙大工程中。

资料来源：《宁夏治沙：麦草方格何以名扬四海》，《科技日报》2016年8月16日，转引自中国财经网，http://finance.china.com.cn/roll/20160816/3859998.shtml；《撒哈拉治沙可向中国取经》，《环球时报》2016年7月22日，第6版，转引自http://oversea.huanqiu.com/article/2016-07/9209860.html。

第五章　湿地生态系统保护与可持续管理

湿地是重要的陆地生态系统之一，被称为"地球之肾"，是众多水陆动植物的栖息地，拥有丰富的生物多样性，是维护国土生态安全的基本屏障。2015 年，我国提出 2020 年的目标是，全国湿地保有量达到 8 亿亩，自然湿地保护率达到 55%。目前，我国湿地生态功能仍在减退，湿地保护仍面临较大压力。本章包括三节，第一节阐述湿地的概念和类型，第二节概述我国湿地的状况，第三节评述我国湿地生态系统的可持续管理。

第一节　湿地的概念和类型

一　湿地的概念

沼泽、红树林、盐沼、泥滩、泥炭地和森林沼泽等典型湿地类型，曾经是人类不喜欢和不重视的地方，直到 20 世纪 70 年代其生态系统功能和价值才得到认知和重视。

1971 年签订的《关于特别是作为水禽栖息地的国际重要湿地公约》（简称《湿地公约》）中给出湿地的定义是，天然的或人工的、永久的或暂时的沼泽地、湿原、泥炭地或水域地带，带有静止或流动的淡水、半咸水或咸水水体，包括低潮时水深不超过 6 米的水域。自此，人们开始意识到湿地生境是陆地生态系统的重要组成部分。

2013 年，我国公布的《湿地保护管理规定》中对湿地的定义是，常年或者季节性积水地带、水域和低潮时水深不超过 6 米的海域，包括沼泽湿地、湖泊湿地、河流湿地、滨海湿地等自然湿地，以及重点保护野生动物栖息地或者重点保护野生植物的原生地等人工湿地。

二　中国湿地的类型

湿地按照生态系统分类为沼泽湿地、湖泊湿地、河流湿地、滨海湿地；按照成因分类为天然湿地和人工湿地；按照重要程度和生态功能分为重要湿地和一般湿地；按照我国主管部门的标准认定分类为国家湿地公园、湿地自然保护区等；符合国际湿地公约国际重要湿地标准的为国际重要湿地。按照生态系统分类，中国的湿地特征如下。

第一，沼泽湿地。沼泽是陆地上有薄层积水或间歇性积水，生长有沼生和湿生植物的土壤过湿地段。其中有泥炭积累的沼泽称为泥炭沼泽。中国沼泽分布很广，从沿海到内陆，从平原到高原和山地，从寒温带到热带都有分布，但以东北的三江平原、大兴安岭、小兴安岭和长白山数量最多，青藏高原次之，江南的丘陵山地、云贵高原、新疆的天山北麓和阿尔泰山以及各地的河漫滩、湖滨一带也有沼泽的发育。全国沼泽总面积约 1000 万公顷。只有东北的三江平原和四川西北部的若尔盖高原，沼泽呈集中连片分布。三江平原沼泽总面积达112万公顷，若尔盖高原沼泽总面积达30万公顷。

第二，湖泊湿地。我国湖泊和水库众多。中国的湖泊面积在1000平方公里以上的有13个，1平方公里以上的有2600多个。湖泊总面积达71230平方公里，湖泊率为0.8%左右。东部平原和青藏高原湖泊星罗棋布，连同蒙新、云贵和东北的湖群，共同构成中国五大湖区。此外，水库是筑坝后在坝的上游形成的人工湖，近30年来，我国的水库数量呈现增加趋势，1985年、2000年和2015年底，我国水库的数量分别为83219座、85120座和97988座，具体数量见表5-1。

第三，河流湿地。我国流域面积在1000平方公里以上的河流有1500条以上，100平方公里以上的河流约有5万条。中国水系分布很不均匀，绝大多数河流分布在东南部外流区，其面积约占全国总面积的65.2%，内流区占34.8%。

表5-1 1985年、2000年和2015年中国水库的数量

单位：个，%

类　型	1985年	2000年	增长率（2000年较1985年）	2015年	增长率（2015年较2000年）
大　型	340	420	23.53	707	68.33
中　型	2401	2704	12.62	3844	42.16
小　型	80478	81996	1.89	93437	13.95
总　量	83219	85120	2.28	97988	15.12

第四，滨海湿地。中国海岸线绵长曲折，北起辽宁鸭绿江口，南至广西北仑河口，长达18000多公里。初步估算，在理论基准面以上的潮间带海涂面积约200万公顷。在南方有生物海岸，包括珊

瑚礁海岸和红树林海岸。海涂即沿海滩涂，是指沿海涨潮时被水淹没，退潮时露出水面的软底质的广大潮间平地，20 世纪 80 年代国际上将海涂称为"湿地"。

三　湿地生态系统功能和退化

天然湿地具有明确的生态功能和经济用途。主要的经济用途以其生态功能为基础：①营养物质的存储功能，这一功能的生产价值是去除过多的营养物质，帮助农民使水质达标；②碳的积累和储存功能，可为农业和泥炭燃料提供有机物质的来源；③从水中过滤颗粒，可以处理废水和污水，形成沉淀物；④动物生境和植物生境功能，称为渔业和林业、农业（如种植蔓越橘）的生产用途；⑤调节水流功能，具有预防洪水和冲蚀，娱乐、科研、教育的用途。

湿地生态系统退化与长期以来人类对其价值的理解密不可分，换句话说，湿地生态系统的管理政策和制度在相当程度上影响着湿地生态系统演进和退化的方向。例如，美国国会在 1849 年、1850 年和 1860 年的《沼泽地法案》中明确鼓励将湿地中的水排干并开垦，国家的补贴和政策加剧了对湿地的破坏。这种情况一直持续到 20 世纪 70 年代中期。美国 48 个地势较低的州所拥有的4200 万公顷的湿地中有 53% 遭到破坏，有的地区破坏更严重，如密西西比河流域有 95% 的湿地遭到破坏。[①]

到 20 世纪 80 年代中期，我国湖泊湿地退化问题特别突出，这

---

① 　Mark B. Bush：《生态学——关于变化中的选择》，刘雪华译，清华大学出版社，2007。

一方面是由湖泊数量减少引起的，另一方面湖泊面积也大多趋于缩小。如江汉平原面积在 50 公顷以上的湖泊，20 世纪 80 年代与 50 年代相比数量减少 49.36%，总面积减少 43.67%，"八百里"洞庭，已被围去湖面 17 万公顷；鄱阳湖被围去 8 万公顷；太湖在 1969～1974 年，被围去约 1 万公顷。不合理的填湖造田及围湖垦殖，是这一时期导致湖泊面积缩小的重要诱因。《21 世纪议程》中，对湿地生态系统的判断是，由于长期忽视了对湿地的保护，围垦滩涂和沼泽湿地改建鱼塘与虾池、开沟排水等现象时有发生；在许多滩涂沼泽里，野生动物被大量捕杀，生态环境总体上呈恶化趋势。

来自实地调查的情况显示，缺水是当前湿地生态系统面临的突出问题。例如，黑龙江的扎龙湿地，由于缺水曾使扎龙湿地水位明显下降，沼泽植物群落严重退化，随之而来的是盐碱滩和草甸草原的出现，湿地生态景观发生明显变化。由于水量不足，水体自净能力下降，局部水体呈现富营养化和重富营养化的特点，危及野生动植物生存环境。扎龙湿地出现缺水的原因主要为两点。一是 1999～2002 年，扎龙湿地及其水源补给地乌裕尔河和双阳河流域曾遭遇大旱，致使湿地有水面积逐渐萎缩。自 2002 年起，经过黑龙江省林业厅协调，开始从"引嫩工程"调水补给，并于 2009 年正式建立扎龙湿地长效补水机制，对扎龙湿地的植被恢复起到重大作用，但仍存在枯水年无水可补的现象。二是上游经济发展取水，分流了大量本应注入湿地的水源。20 世纪 90 年代后扎龙湿地缺水问题加剧，主要是由于水源地乌裕尔河上游工农业用水增加，河水被水库截留、分流严重。开垦和过牧加重了缺水形势。

四　全球湿地生态系统状况

全球湿地状况的数据来自世界自然基金会①。这份研究报告将全球的湿地分为三级，其中，第一级湿地为面积大于 50 平方公里的湖泊和库容大于 5 亿立方米的水库，由国别数据构成；第二级湿地为面积 50 平方公里及以下的湖泊、水库和河流，由大约 25 万图斑的经纬度数据构成；第三级由第一级和第二级的图斑，以及能从 30 秒分辨率的全球栅格地图上最大程度判读的数据构成。

第一，世界范围第一级湿地的大型湖泊和水库数量合计为 3721 个，总面积为 1932892.3 平方公里；这一级的湖泊和水库数量分别为 3067 个和 654 个，面积分别为 1684639.3 平方公里和 248253.0 平方公里。

第二，世界范围第二级湿地的湖泊、水库和河流数量合计为 244892 个，总面积为 1105542.5 平方公里；这一级的湖泊、水库和河流数量分别为 243068 个、168 个和 1656 条，面积分别为 743027.7 平方公里、2829.1 平方公里和 359685.7 平方公里（见表 5-2）。

第三，世界范围第三级湿地为湖泊、水库、河流、淡水沼泽和漫滩、沼泽林和泛滥森林、海岸带湿地、渍涝/盐渍湿地、泥沼、沼泽群落和泥潭、间歇性湿地。根据这组数据，湖泊和水库面积大约为 270 万平方公里，占全球陆地总面积的 2%（不包括南极洲和格陵兰岛的冰川）；湿地面积为 800 万~1000 万平方公里，占全球陆地总面积的 6.2%~7.6%。

---

① 数据来源：世界自然基金会，https：//www.worldwildlife.org/pages/global-lakes-and-wetlands-database。

表 5 - 2　全球湿地中第一级和第二级的湖泊、水库和河流数量、面积及其占比

项目	第一级				第二级				合计	
	数量 (个/ 条)	面积 (平方 公里)	占总 数比 例 (%)	占面积 比例 (%)	数量 (个/ 条)	面积 (平方 公里)	占总 数比 例 (%)	占面积 比例 (%)	数量 (个/ 条)	面积 (平方 公里)
湖泊	3067	1684639.3	82.42	87.16	243068	743027.7	99.26	67.21	246135	2427667.0
水库	654	248253.0	17.58	12.84	168	2829.1	0.07	0.26	822	251082.1
河流	—	—	—	—	1656	359685.7	0.68	32.53	1656	359685.7
合计	3721	1932892.3	100.00	100.00	244892	1105542.5	100.00	100.00	248613	3038434.8

数据来源：Lehner, B. and Döll, P., "Development and Validation of a Global Database of Lakes, Reservoirs and Wetlands," *Journal of Hydrology* 296 (2004): 1 - 22。

第四，世界范围的第一级湿地中湖泊分布在 113 个国家、水库分布在 77 个国家，其中，湖泊的国别和地区分布呈现以下特征（见表 5 - 3）：总面积大于 10 万平方公里的国家为 4 个，分别是加拿大、哈萨克斯坦、俄罗斯和美国，这 4 个国家分别占第一级湖泊总数和总面积的 62.31% 和 72.78%；总面积 1 万 ~ 10 万平方公里的国家为 10 个，分别占第一级湖泊总数和总面积的 18.03% 和 17.53%；即这 14 个国家占这一级湖泊总数和总面积的 80.34% 和 90.31%，而其余的 99 个国家仅占第一级湖泊总数的不足 20% 和总面积的不足 10%。

表 5 - 3　全球第一级湿地中湖泊的国别和地区分布

总面积 (平方公里)	国家 数量 (个)	湖泊 数量 (个)	每个湖 泊平均 面积 (平方 公里)	占总数 比例 (%)	占总面 积比例 (%)	国家名称
>10 万	4	1911	642	62.31	72.78	加拿大、哈萨克斯坦、俄罗斯、美国

续表

总面积 （平方公里）	国家 数量 （个）	湖泊 数量 （个）	每个湖 泊平均 面积 （平方 公里）	占总数 比例 （%）	占总面 积比例 （%）	国家名称
1 万~10 万	10	553	534	18.03	17.53	坦桑尼亚、中国、刚果（金）、马拉维、巴西、乍得、瑞典、芬兰、蒙古国、阿根廷
0.5 万~ 1.0 万	11	163	545	5.31	5.27	尼加拉瓜、墨西哥、秘鲁、津巴布韦、土耳其、乌干达、肯尼亚、智利、吉尔吉斯斯坦、埃塞俄比亚、伊朗
2000~5000	8	144	191	4.7	1.63	乌克兰、玻利维亚、印度尼西亚、印度、澳大利亚、新西兰、柬埔寨、马里
1000~2000	17	141	176	4.6	1.47	格陵兰、土库曼斯坦、哥伦比亚、日本、菲律宾、加蓬、挪威、苏里南、委内瑞拉、泰国、丹麦、亚美尼亚、科特迪瓦、意大利、伊拉克、巴布亚新几内亚、洪都拉斯
500~1000	17	66	193	2.15	0.76	原南斯拉夫*、阿富汗、危地马拉、瑞士、古巴、德国、约旦、罗马尼亚、匈牙利、斯里兰卡、乌兹别克斯坦、苏丹、缅甸、尼日利亚、英国、埃及、爱尔兰
200~500	21	55	124	1.79	0.4	塔吉克斯坦、马达加斯加、法国、黑山、南非、加纳、塞内加尔、哥斯达黎加、毛里塔尼亚、波兰、乌拉圭、巴哈马、爱沙尼亚、多米尼加、越南、萨尔瓦多、希腊、以色列、阿尔及利亚、贝宁、冰岛
100~200	13	22	81	0.72	0.11	博茨瓦纳、布隆迪、奥地利、拉脱维亚、白俄罗斯、所罗门群岛、巴基斯坦、卢旺达、利比里亚、几内亚比绍、朝鲜、海地、巴拉圭

总面积 （平方公里）	国家 数量 （个）	湖泊 数量 （个）	每个湖 泊平均 面积 （平方 公里）	占总数 比例 （%）	占总面 积比例 （%）	国家名称
50~100	12	12	67	0.39	0.05	喀麦隆、西班牙、孟加拉国、突尼斯、荷兰、几内亚、阿尔巴尼亚、立陶宛、阿塞拜疆、马来西亚、吉布提、多哥

注：＊2006年原南斯拉夫变为6个国家，即塞尔维亚、克罗地亚、斯洛文尼亚、波黑、马其顿。数据公布时南斯拉夫仍是一个国家。

第二节　中国湿地的状况

一　全国湿地面积的变化

中国湿地面积变化的数据分别来自1995~2003年和2004~2013年完成的第一次和第二次全国湿地资源调查。对比分析两次调查数据可以发现，第一次和第二次调查数据显示的全国湿地总面积分别为3848.55万公顷和5360.26万公顷，湿地面积占国土总面积的比例分别为4.01%和5.58%，即2003~2013年湿地面积增加了1511.71万公顷，湿地面积占国土面积的比例增加了1.57个百分点。需要指出的是，两次调查的方法存在差异，导致数据比较的科学意义下降，换句话说，第二次调查中数据的增加并非全部源于真实湿地面积的增加，而是部分源于调查中图斑面积的缩小使得首次调查中遗漏的湿地补充进来。目前我国湿地面临面积减少、污染严重、功能退化等问题。近10年来，我国共减少湿地面积338万公顷。

2014 年以来的最新进展是，当年新增湿地保护面积 50 多万公顷，建立了黄河湿地保护网络，实现了长江、黄河两大流域以流域形式开展湿地保护。[①] 截至 2014 年，全国已建立 46 个国际重要湿地、570 多个湿地自然保护区和 569 个国家湿地公园，共有 2324 万公顷湿地得到了不同形式的保护，湿地保护率由 10 年前的 30.49% 提高到了 43.51%。[②]

二　全国湿地类型的变化

中国湿地由天然湿地和人工湿地构成，天然湿地包括近海与海岸、河流、湖泊、沼泽。两次全国湿地调查数据可以分别代表 2003 年年底和 2013 年的状态，分析各种类型湿地面积的变化及占总湿地面积的比例可以发现如下特征（见表 5 - 4 和图 5 - 1、图 5 - 2）。

第一，从不同类型的湿地面积看，河流、湖泊、沼泽和人工湿地四种类型的湿地面积均呈现上升态势，面积增幅分别为 28.57%、2.90%、58.63% 和 195.23%，即湖泊湿地面积增幅最小，而增幅最大的是人工湿地。

第二，近海与海岸湿地面积呈现绝对下降态势，2013 年较 2003 年降幅为 2.45%。

第三，沼泽湿地面积和人工湿地面积占湿地总面积的比例呈现增长态势。其中沼泽湿地占比最大，2003 年和 2013 年占比分别

[①] 《2014 年中国国土资源绿化状况公报》，中国网，http://news.china.com.cn/2015 - 03/12/content_ 35031883. htm，2015 年 3 月 11 日。

[②] 赵树丛：《加强湿地保护　创造美好未来》，中国林业网，http://www.forestry.gov.cn，2015 年 2 月 2 日。

为 35.60% 和 40.68%，增幅为 14.27%；人工湿地占比增幅最大，占比从 5.94% 上升到 12.63%，增幅达到 112.63%。

第四，湖泊湿地面积、河流湿地面积和近海与海岸湿地面积占湿地总面积的比例均呈现下降态势。其中湖泊湿地占比从 2003 年的 21.70% 下降到 2013 年的 16.09%，降幅为 25.85%；河流湿地占比从 2003 年的 21.32% 下降到 2013 年的 19.75%，降幅为 7.36%；近海与海岸湿地占比从 2003 年的 15.44% 下降到 2013 年的 10.85%，降幅为 29.73%。

表 5 - 4　2003 年和 2013 年各种类型湿地面积

单位：万公顷，%

类　　型	2003 年	2013 年	2013 年较 2003 年的增（减）
近海与海岸	594.17	579.59	-2.45
河流	820.70	1055.21	28.57
湖泊	835.16	859.38	2.90
沼泽	1370.03	2173.29	58.63
人工湿地	228.50	674.59	195.23

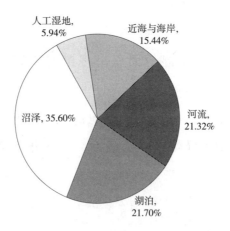

图 5 - 1　2003 年全国湿地类型的构成

数据来源：2004 年《中国统计年鉴》。

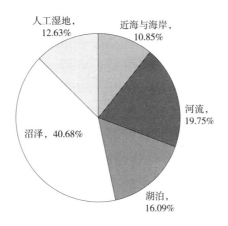

图 5 - 2　2013 年全国湿地类型的构成

数据来源：2014 年《中国统计年鉴》。

三　各省份湿地面积

第二次全国湿地资源调查数据可以反映出我国湿地资源的最新状况，以此为基础分析各省份的湿地面积、天然湿地占总湿地面积的比例和湿地面积占土地总面积的比例（湿地率）。

比较各省份的湿地面积的数值可以得到以下情况。①青海省湿地面积最大，为 814.36 万公顷，其次为西藏、内蒙古、黑龙江和新疆，湿地面积分别为 652 万公顷、601.06 万公顷、514.33 万公顷和 394.82 万公顷，这 5 个省份湿地面积占全国湿地总面积的 55.74%。②湿地面积为 100 万～200 万公顷的省份为广东、四川、山东、湖北、辽宁和湖南；湿地面积为 50 万～100 万公顷的省份为吉林、河北、江西、福建、广西、河南和云南；湿地面积为 20 万～50 万公顷的省份为上海、海南、陕西、天津、贵州、重庆、宁夏。③湿地面积小于 20 万公顷的省份是山西和北京，分别为 15.19 万公顷和 4.81 万公顷。

四 各省份的湿地率

比较各省份的湿地面积占总土地面积的比例（湿地率），结果如下。①上海、江苏和天津的湿地率大于20%，数值分别为73.27%、27.51%和23.94%。需要说明的是，上海湿地率明显偏高的原因是近海与海岸湿地占湿地总面积的83.21%，近海与海岸的面积并非全部包括在土地总面积中。②湿地率介于10%~20%的省份是黑龙江、青海、山东和浙江。③湿地率介于0%~2%的省份是陕西、云南、贵州、山西，数值分别是1.5%、1.43%、1.19%和0.97%。④其他各省份湿地率在2%~10%。

进而比较2013年各省份天然湿地面积占总湿地面积的比例可以看到：①西藏和青海的天然湿地面积占比达98%以上，数值分别为99.92%和98.25%；②内蒙古、甘肃、黑龙江、四川和新疆的天然湿地占比为90%~98%，数值分别为97.81%、97.96%、96.32%、95.30%和93.16%；③天然湿地占比在80%~90%区间的省份是陕西、上海、吉林、宁夏和福建，在70%~80%区间的省份是湖南、江西、辽宁、浙江、海南、河北、贵州、山西和广西，在60%~70%区间的省份是云南、江苏、安徽、广东、山东和河南；④湖北、天津、北京和重庆的天然湿地占比在60%以下，数值分别为52.89%、51.12%、50.31%和42.33%。

第三节 中国湿地生态系统的可持续管理

中国湿地生态系统可持续管理的重点举措是：制定政策和规划，建立湿地公园试点，探索湿地生态效益补偿试点。目前虽然我国湿地保护体系逐步建立，但仍面临着法律法规亟待健全和管理能力有待提高的挑战。

一 湿地保护的政策

1992 年，中国加入《湿地公约》，由此标志着我国制度化的湿地保护历程拉开帷幕。当时提出湿地保护方面的目标是，在国家和地方两级明确管理机构，对现有湿地资源进行依法管理，提高管理的科学性。保护好一批世界上最重要的湿地保护区，全面制止随意破坏湿地资源和湿地生境。最新《湿地保护管理规定》（2013 年 5 月 1 日施行）再次明确，国家林业局负责全国湿地保护工作的组织、协调、指导和监督，并组织、协调有关国际湿地公约的履约工作，县级以上地方人民政府林业主管部门按照有关规定负责本行政区域内的湿地保护管理工作。

随之，我国陆续颁布了一批与湿地保护相关的法规，包括：《中华人民共和国水生野生动物保护实施条例》（1994 年）；《中华人民共和国自然保护区条例》（1994 年）首次采用了"湿地"一词；《中国生物多样性保护行动计划》（1994 年）；2003 年，国务院批准了《全国湿地保护工程规划（2002—2030 年）》，阐述了我国湿地保护的长期目标；2011 年《全国湿地保护条例》已经完成起草工作，目前虽然绝大多数省份出台了省级湿地保护条例，但国家湿地保护条例尚未出台。

二 国家湿地公园管理

国家湿地公园管理始于 2004 年，国家林业局根据国务院办公厅公布的《关于加强湿地保护管理工作的通知》（国办发〔2004

50 号）中关于"对不具备条件划建自然保护区的，也要因地制宜，采取建立湿地保护小区、各种类型湿地公园等多种形式加强保护管理"的精神，2005 年正式启动我国第一个国家湿地公园——杭州国家西溪湿地公园试点工作。

2010 年，国家林业局印发《国家湿地公园管理办法（试行）》，将湿地公园分为国家湿地公园和地方湿地公园，提出建立国家湿地公园应当具备的条件。2013 年在《湿地保护管理规定》中明确了建立国家湿地公园的程序。

第一，建立国家湿地公园的条件有两点。①湿地生态系统在全国或者区域范围内具有典型性，或者区域地位重要，或者湿地主体生态功能具有典型示范性，或者湿地生物多样性丰富，或者生物物种独特。②具有重要或者特殊科学研究、宣传教育和文化价值，建立湿地公园的目的是保护湿地生态系统、合理利用湿地资源、开展湿地宣传教育和科学研究、开展生态旅游等活动。

第二，建立国家湿地公园的程序如下。①由省、自治区、直辖市人民政府林业主管部门向国家林业局提出申请，并提交总体规划等相关材料。②国家林业局在收到申请后，对提交的有关材料组织论证审核，对符合条件的，同意其开展试点。③试点期限不超过 5 年，试点期限内具备验收条件的省、自治区、直辖市人民政府林业主管部门可以向国家林业局提出验收申请，经国家林业局组织验收合格的，予以批复并命名为国家湿地公园。④在试点期限内不申请验收或者验收不合格且整改后仍不合格的，国家林业局应当取消其国家湿地公园试点资格。

我国自 2005 年建立第一个国家公园试点，国家湿地公园数量增长惊人。到 2011 年，国家湿地公园（试点）213 处，而到 2014

年底，全国湿地公园总数达到 900 多处，其中国家湿地公园（试点）达到 569 处，总面积约 275 万公顷。仅 2014 年正式批准开展的试点就达 140 处，20 处国家湿地公园通过验收。在国家湿地公园数量快速增长的同时，对监管也提出了新要求。

三　湿地生态效益补偿试点

我国的湿地生态补偿开始于 2009 年。《中共中央国务院关于2009 年促进农业稳定发展农民持续增收的若干意见》明确要求启动湿地生态效益补偿试点。2010 年中央财政设立了湿地保护补助专项资金，开展了退耕还湿、湿地保护奖励试点，当年安排资金近 20 亿元，实施项目 331 个。①

2011 年 6 月，财政部、环境保护部决定开展湖泊生态环境保护试点工作，建立优质生态湖泊保护机制，制定了《湖泊生态环境保护试点管理办法》（财建〔2011〕464 号）。中央财政安排资金对湖泊生态环境保护试点工作予以支持，鼓励探索"一湖一策"的湖泊生态环境保护方式，引导建立湖泊生态环境保护长效机制。2011 年中央财政安排了 9 亿元，分为 8 个项目（包括辽宁大伙房水库、吉林松花江三湖、山东南四湖、湖北梁子湖、云南洱海、云南抚仙湖、安徽瓦埠湖、新疆博斯腾湖），2012 年中央财政试点资金增加到 14.5 亿元，项目区扩大到 24 个湖泊。

2014 年 7 月，财政部会同国家林业局印发了《关于切实做好退耕还湿和湿地生态效益补偿试点等工作的通知》（财农便

---

① 全国绿化委员会办公室：《2014 年中国国土资源绿化状况公报》，中国网，ht-tp：//news. china. com. cn/2015 – 03/12/content_ 35031883. htm，2015 年 3 月12 日。

〔2014〕319号），明确了省级财政部门、林业主管部门和承担试点任务县级人民政府及实施单位的责任，提出支持湿地保护与恢复，启动退耕还湿、湿地生态效益补偿试点和湿地保护奖励工作。

目前，湿地生态效益补偿试点工作尚处于起步阶段，部分省份，特别是湿地自然保护区正在努力探索和完善试点方案和做法。从专栏5-1中的江西九江鄱阳湖区域、西藏的3个自然保护区和四川理塘县的做法可以看到：①重点湿地省份开展的试点中，省份间补贴的标准差异大；②湿地生态补偿承载着过重的职责，几乎涵盖了湿地生态系统管理的全部内容，由此可能会增大政策执行的成本和偏差。

专栏5-1 江西、西藏、四川3个省份湿地生态补偿的内容 ⋯⋯⋯

江西九江鄱阳湖区域湿地补偿试点于2011年启动。根据《九江鄱阳湖区域湿地补偿试点方案》，湿地补偿标准为国家级湿地90元/亩、省级湿地80元/亩、一般湿地70元/亩，用途为直补给农民及项目建设资金等。其中，直补下达给农户的补偿资金，将全部纳入财政"一卡通"，实行"一户一卡"。

西藏自治区林业厅于2015年制定了《西藏自治区重要湿地生态效益补偿试点项目总体实施方案》，开展湿地生态效益补偿试点工作，自治区财政安排4860多万元。重要湿地生态效益补偿试点项目在申扎县、定结县和浪卡子县开展，试点区域主要包括色林错黑颈鹤国家级自然保护区申扎县片区、珠穆朗玛峰国家级自然保护区定结县片区、雅鲁藏布江中游河谷黑颈鹤国家级自然保护区浪卡子县片区内的重要湿地。重点工作是湿地管护和监管、湿地生态补偿、湿地保护与恢复、湿地监测。重要湿地生态效益补偿试点项目区内重要湿地保育面积为 76650.18 公顷，重要湿地限牧面积为 16438.2 公顷。目前，保育面积补助标准是每年 6 元/亩。限牧面积补助标准是每年 1.5 元/亩。

四川省第一笔省级湿地生态补偿试点经费 533 万元于 2015 年 7 月下达到理塘县，在理塘县开展省级湿地生态补偿，用于沼泽、湖泊湿地管护等开支，主要分为湿地管护、退牧还湿两大部分。按照方案，理塘县将以每年 4 元/亩的标准，主要通过政府购买服务形式，聘请农牧民、村集体、湿地管理机构参与湿地管护，初步规划管护面积为 129.58 万亩。此外，当地以 25 元/亩为标准，选取生态较为脆弱、功能退化严重的湿地进行退牧还湿，计划任务为 0.56 万亩。

第六章　生物多样性保护与可持续管理

生物多样性保护对于陆地生态系统平衡、保护物种基因库和提升人类福祉具有重要意义。在过去的一个世纪中，自然保护区和国家公园是生物多样性保护的最重要方式。近20年来，国际社会加强可持续发展的合作，进入生物多样性保护的一个崭新阶段，我国生物多样性保护与国际社会同步展开。

本章重点分析中国自然保护区的情况和美国国家公园的情况，在此基础上概述国际生物多样性保护的方案和中国的行动，共分为三节：第一节是中国自然保护区状况的分析，并特别关注国家级自然保护区的情况；第二节是美国国家公园的管理，为我国自然保护区管理提供可借鉴的思路；第三节是生物多样性保护的方案和行动。

第一节　中国自然保护区状况的分析

一　自然保护区与生物多样性保护

自然保护区是指对有代表性的自然生态系统、珍稀濒危野生动植物物种的天然集中分布区、有特殊意义的自然遗迹等保护对象所在的陆地、陆地水体或者海域，依法划出一定面积予以特殊保护和管理的区域。① 目前我国的生物多样性保护最重要的载体是自然保护区，特别是国家级自然保护区。

在国际上，世界各国根据各自的自然资源和生物多样性特点，划出一定的范围来保护珍贵的自然资源及自然遗迹和景观有着悠久的历史渊源。其中，1872 年经美国政府批准建立的黄石公园是自然保护区的典范，它被看作世界上最早的自然保护区。

我国自然保护区发展的历程如下。1956 年，全国人民代表大会第三次会议审议通过了多名科学家联名提出的"请政府在全国各省（区）划定天然森林禁伐区，保护自然植被以供科学研究的需要"提案。同年，林业部门又颁布了《天然森林禁伐区（自然保护区）划定草案》和《狩猎管理办法（草案）》，这两个草案对我国自然保护区的建立起了重要的推动作用。1956 年，我国第一个自然保护区建立，经过 60 多年的发展，我国形成了布局合理、类型齐全、层次丰富的自然保护区体系，建立了完善的保护管理与执法体系。

我国自然保护区建立的主要目标之一是生物多样性保护，以下四点提供了较好的论据。第一，我国第一个自然保护区建立的目的就是保护热带雨林生态系统，1956 年我国在广东省肇庆市建立第一个自然保护区——鼎湖山自然保护区，保护区以保护南亚热带季雨林为主。第二，1985 年出台并实施的《森林和野生动物

① 李俊生等编著《中国自然保护区绿皮书——国家级自然保护区发展报告 2014》，中国环境出版社，2015。

类型自然保护区管理办法》明确提出："自然保护区是保护自然环境和自然资源、拯救濒于灭绝的生物物种、进行科学研究的重要基地。"《中华人民共和国自然保护区条例》（1994 年发布，2011年修订）明确提出："本条例所称自然保护区，是指对有代表性的自然生态系统、珍稀濒危野生动植物物种的天然集中分布区、有特殊意义的自然遗迹等保护对象所在的陆地、陆地水体或者海域，依法划出一定面积予以特殊保护和管理的区域。"物种保护的重要性可见一斑。第三，我国自然保护区主要是按照生态系统的主体分类，体现出保护地带性生态系统的原则，通过生态系统保护实现生物多样性保护的目标。第四，在受到生物多样性管理水平和研究能力约束的背景下，我国秉承"先保护起来，逐步深入研究"的策略。

二 中国自然保护区面积和数量现状

中国的自然保护区分为国家级、省级、地市级和县级，是一种基于我国行政管理体制的管理组织形式。到 2015 年底，我国自然保护区的总数量为 2740 个，总面积为 14702.8 万公顷，其中国家级自然保护区的数量和面积分别为 428 个和9648.8 万公顷。

2015 年我国自然保护区面积排在前 5 位的省份是西藏、青海、新疆、内蒙古和甘肃，面积分别为 4136.9 万公顷、2166.5 万公顷、1957.5 万公顷、1271 万公顷和 916.8 万公顷，前 5 位省份自然保护区面积合计占自然保护区总面积的 71.07%。其中，国家级自然保护区面积排在前 5 位的省份是西藏、青海、新疆、甘肃和内蒙古，面积分别为 3715.2 万公顷、2073.4 万公顷、1218.9 万公顷、687.7 万公顷和 426.9 万公顷，排名前 5 位省份国家级自然保护区面积合计占国家级自然保护区总面积的 84.18%（见图 6 - 1）。

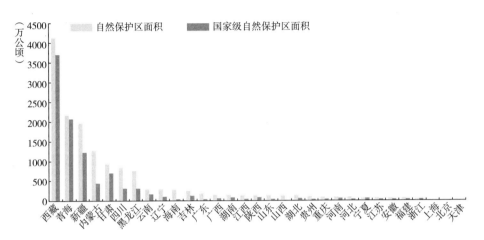

图 6 - 1 2015 年我国各省份自然保护区和国家级自然保护区面积

我国自然保护区数量排在前 5 位的省份是广东、黑龙江、江西、内蒙古和四川，数量分别为 384 个、251 个、200 个、182 个和 168 个，排在前 5 位的省份自然保护区数量合计占自然保护区总数的 43.25%。其中，国家级自然保护区数量排在前 5 位的省份是黑龙江、四川、内蒙古、湖南和广西，数量分别为 36 个、30 个、29 个、23 个和 22 个，前 5 位省份国家级自然保护区数量合计占国家级自然保护区总数的 32.71%（见图 6 - 2）。

由此可见，就面积而言，国家级自然保护区面积排在前 5 位的省份与全部自然保护区面积排在前 5 位的省份具有一致性，且国家级自然保护区前 5 位省份的面积占比高于全部自然保护区前 5 位省份的面积占比；就数量而言，国家级自然保护区数量排在前 5 位的省份与全部自然保护区数量排在前 5 位的省份不完全一致，且国家级自然保护区前 5 位省份的数量占比低于全部自然保护区前 5 位省份

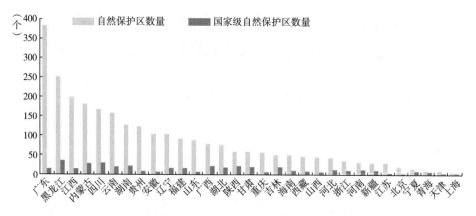

图 6 – 2   2015 年我国各省份自然保护区和国家级自然保护区数量

的数量占比。这意味着按省份观察，面积的集中程度远高于数量的集中程度。

三　国家级自然保护区类型特征

我国的自然保护区可分为以森林生态系统、草地生态系统、荒漠生态系统、湿地生态系统和自然遗迹生态系统为主体的 5 种类型。根据数据的可获得性，到 2013 年底，国家级自然保护区共 407 个，总面积为 940393 平方公里，占国土面积的 9.80%。按自然保护区面积排序，面积最大的是荒漠生态系统，接下来依次是湿地生态系统、森林生态系统、草原生态系统和自然遗迹生态系统。以不同生态系统为主体的国家级自然保护区数量、面积及其占比如下（见表 6 – 1）。

表 6 –1   以不同生态系统为主体的国家级自然保护区的情况

主体生态系统	主要涉及类型	数量（个）	占比（%）	面积（平方公里）	占比（%）
森林生态系统	森林生态系统类型国家级自然保护区，以及以森林为主要生境的野生动物和野生植物类型国家级自然保护区	260	63.88	160819	17.10

续表

主体生态系统	主要涉及类型	数量（个）	占比（％）	面积（平方公里）	占比（％）
草地生态系统	以各种草原、草甸生态系统为主要保护对象的草原草甸生态系统类型国家级自然保护区，以及以草地为主要生境的野生动物和野生植物类型国家级自然保护区	8	1.97	68133	7.25
荒漠生态系统	荒漠生态系统类型国家级自然保护区以及以荒漠为主要生境的野生动物和野生植物类型国家级自然保护区	16	3.93	436909	46.46
湿地生态系统	以内陆湿地和海洋海岸生态系统为主要保护对象的国家级自然保护区，以及以湿地为主要生境的野生动物类型国家级自然保护区	103	25.31	271126	28.83
自然遗迹类	地质遗迹类型国家级自然保护区和古生物遗迹类型国家级自然保护区	20	4.91	3406	0.36
合　计		407	100.00	940393	100.00

资料来源：李俊生编著《中国自然保护区绿皮书——国家级自然保护区发展报告2014》，中国环境出版社，2015。

　　第一，以森林生态系统为主体的国家级自然保护区共260个，占总数的63.88％，面积为160819平方公里，占总面积的17.10％，分布于除上海和江苏以外的29个省份（不包括香港、澳门和台湾）。按面积排序，排在前5位的省份分别是西藏、四川、云南、内蒙古和甘肃，面积分别为47051平方公里、16006平方公里、13914平方公里、13881平方公里和11748平方公里，占总面积的比例分别为29.26％、9.95％、8.65％、8.63％和7.31％，排名前5位省份国家级自然保护区面积占总面积的比例达到63.80％。以森林生态系统为主体的保护区在省域的分布特征是相对均匀。

第二，以草地生态系统为主体的国家级自然保护区有 8 个，占总数的 1.97%，8 个自然保护区的面积合计 68133 平方公里，占总面积的 7.25%，分布在内蒙古、河北、甘肃、青海和宁夏 5 个省份。以草原生态系统为主的保护区在省域的分布特征是仅限于北方草原省域。

第三，以荒漠生态系统为主体的国家级自然保护区有 16 个，占总数的 3.93%，16 个自然保护区的面积合计为 436909 平方公里，占总面积的 46.46%，是国家级自然保护区面积最大的类型，分布在内蒙古、西藏、甘肃、青海、宁夏和新疆 6 个省份。其中，西藏一个自然保护区的面积达 298000 平方公里，占荒漠生态系统国家级自然保护区面积的 68.21%，占国家级自然保护区总面积的 31.69%。

第四，以湿地生态系统为主体的国家级自然保护区有 103 个，分布在除北京、天津、山西、重庆、宁夏以外的 26 个省份（不包括香港、澳门和台湾）。按面积排序前 5 位的省份是青海、西藏、黑龙江、四川和内蒙古，面积分别为 157352 平方公里、26480 平方公里、19470 平方公里、13365 平方公里和 11016 平方公里，占总面积的比例分别为 58.04%、9.77%、7.18%、4.93% 和 4.16%，排名前 5 位的省份自然保护区合计面积占国家级自然保护区总面积的比例达 84.08%。其中，青海湿地自然保护区面积达 157352 平方公里，占国家级自然保护区总面积的 16.73%。

四 各省份国家级陆地生态系统自然保护区的分布

第一，国家级森林生态系统自然保护区面积排在前 5 位的省份是西藏、四川、云南、内蒙古和甘肃，面积分别为 47051 平方公里、16006 平方公里、13914 平方公里、13881 平方公里和 11748 平方公里（见图 6－3），这 5 个省份国家级森林生态系统保护区面积占全国国家级森林生态系统自然保护区总面积的比例为 63.80%，其中，面积最大的西藏占比为 29.26%，上海、江苏两省份国家级森林生态系统自然保护区面积为 0。

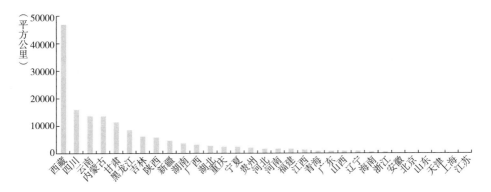

图 6－3　国家级森林生态系统自然保护区面积排序

第二，国家级草原生态系统自然保护区集中分布在青海、甘肃、内蒙古、河北和宁夏 5 个省份，面积分别为 45000 平方公里、13600 平方公里、9386 平方公里、80 平方公里和 67 平方公里，其中面积最大的青海占全国国家级草原生态系统自然保护区总面积的比例达 66.05%。

第三，国家级荒漠生态系统自然保护区集中分布在西藏、新疆、甘肃、内蒙古、青海和宁夏 6 个省份，面积分别为 298000 平方公里、110701 平方公里、15859 平方公里、6925 平方公里、3734 平方公里和 1690 平方公里，其中面积最大的西藏占全国国家级荒漠生态系统自然保护区总面积的比例为 68.21%。

第四，国家级湿地生态系统自然保护区面积排在前 5 位的省份是青海、西藏、黑龙江、四川和内蒙古，面积分别为 157352 平方公里、26480 平方公里、19470 平方公里、13365 平方公里和 11016 平方公里（见图 6-4），这 5 个省份国家级湿地生态系统自然保护区面积占全国国家级湿地生态系统自然保护区总面积的比例为 84.08%，其中面积最大的青海占比为 58.04%，北京、天津、山西、重庆和宁夏 5 个省份国家级湿地生态系统自然保护区面积为 0。

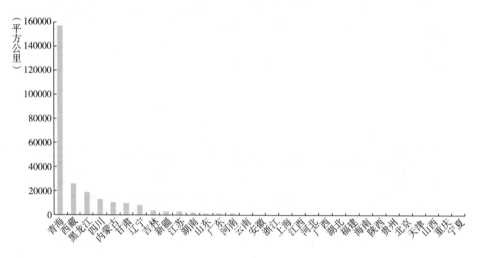

图 6-4　国家级湿地生态系统自然保护区面积排序

五　中国自然保护区的管理现状

（一）不同级别保护管理水平差异大

我国的自然保护区按照管理体制分国家级、省级、地市级和县级，管理局是自然保护区的业务和行政管理部门，但并非所有的自然保护区都设立了专门管理机构。到 2013 年底，全国自然保护区建立管理机构的比例是 68.2%，其中，国家级、省级、地市级和县级建立自然保护区管理机构的比例分别是：100%、

86.9%、64.1% 和 41%（见表 6 – 2）。由此可见非国家级自然保护区管理之困境。事实上，自然保护区应该按照保护的生态系统的重要性分类，而不宜按照行政级别分类，至少地市级和县级保护区应该撤并。

表 6 – 2　2013 年底我国自然保护区设立管理机构现状

保护区设立管理机构情况	国家级	省　　级	地市级	县　　级	合　　计
保护区数量（个）	407	855	437	998	2697
有机构保护区比例（%）	100.0	86.9	64.1	41.0	68.2

（二）近年经费投入不断增加

自然保护区作为我国的公益性事业，目前自然保护区的管理机构均为事业单位，其资金来源以财政资金投入为主，社会渠道资金为辅助，同时大多数保护区通过经营各自的资源或生态系统服务获得市场回报，最主要的是旅游收入的门票。财政资金由公共财政资金和专项财政资金构成，其中的专项资金包括：生物多样性专项资金（2013 年之前为国家级自然保护区专项资金）、林业国家级自然保护区能力建设补助专项资金等。

由表 6 – 3 可以得到以下结论。第一，2010～2013 年，全国自然保护区公共财政支出总额由 10.77 亿元增加到 20.82 亿元，总投入增长了近 1 倍；同期，保护区单位面积公共财政平均支出由每公顷 7.21 元增加到每公顷 14.23 元，每个保护区的公共财政平均支出由 41.62 万元增加到 77.20 万元。第二，中央财政生物多样性专项资金总投入呈现波动增长的态势，由 2010 年的 1.5 亿元增加到 2013 年的 2.0 亿元，相应的，生物多样性专项资金的单位面积平

均投入和每个保护区的投入均呈现出波动增长态势，4 年平均水平
分别为每公顷 1.02 元和每个保护区 5.76 万元。

表 6-3 2010～2013 年全国自然保护区公共财政支出和财政专项投入

项　目	2010 年	2011 年	2012 年	2013 年
全国自然保护区数量（个）	2588	2640	2669	2697
全国自然保护区总面积（万公顷）	14944.00	14971.00	14979.00	14631.00
全国自然保护区公共财政支出（决算）（亿元）	10.77	10.58	15.80	20.82
保护区公共财政平均支出（万元/个）	41.62	40.08	59.20	77.20
保护区单位面积公共财政平均支出（元/公顷）	7.21	7.07	9.88	14.23
中央财政生物多样性专项资金投入（亿元）	1.50	1.50	1.10	2.00
保护区单位面积生物多样性专项资金平均投入（元/公顷）	1.00	1.00	0.73	1.37
保护区生物多样性专项资金平均投入（万元/个）	5.80	5.68	4.12	7.42

资料来源：根据李俊生等编著《中国自然保护区绿皮书——国家级自然保护区发展报告2014》的数据整理。

（三）自然保护区管理中的挑战

我国自然保护区管理面临一些重大的挑战。一是生态系统的
完整性与自然保护区部门的分割性之间的问题，具体来说，有些
自然保护区可能同时具有森林、草原、湿地生态系统，但在我国
目前按资源分部门管理体制下，会出现同一区域由多个部门交叉
管理的现象，由此引起管理权的争议与责任空缺，并且可能会人
为地割裂生态系统的完整性。由此，可持续管理的方向是，保护

区的管理体制应定位到生态系统的完整性保护上，而不是以固有的资源部门格局为出发点。二是自然保护区的生物多样性保护与周边社区发展的矛盾，特别是在生态脆弱且经济贫困地区的自然保护区，亟待探索建立在生态保护前提下的发展途径，探索如何通过将生态系统服务功能融入发展规划中而实现创造就业与生计的机会，实现社会经济的稳定发展。三是不同级别自然保护区管理中的重大差距需要引起重视，换句话说，省级及以下级别的自然保护区的出路何在。

第二节　美国国家公园的管理

一　美国国家公园的概念

概括地说，美国国家公园（National Park）包括狭义和广义两重含义。狭义的国家公园，其中一部分是"国家公园和保留地"（National Park and Preserve），是拥有丰富自然资源的、具有国家级保护价值的、面积较大且成片的自然区域。广义的国家公园是指"国家公园体系"（National Park System），是"一直由内政部部长通过国家公园管理局管理的，以建设公园、文化古迹、历史地、观光大道、游憩区为目的的所有陆地和水域"，区分为 20 种类型，分别是：国际历史地、国家战场、国家战场公园、国家战争纪念地、国家历史地、国家历史公园、国家湖滨、国家纪念碑、国家军事公园、国家纪念地、国家公园、国家景观大道、国家保护区、国家休闲地、国家保留地、国家河流、国家风景路、国家海滨、国家野生与风景河流、其他公园地。在这 20 种类型中，国家公园处于核心，保护措施最为严格，其他类型根据级别不同而制定的措施不同。

二 美国国家公园的数量和分布

美国目前共建立 59 个国家公园，分布在 27 个州（包括美属萨摩亚和美属维尔京群岛），总面积为 23.78 万平方公里，占美国国土总面积的 2.5%。在国家公园中，阿拉斯加州的国家公园面积占全美国家公园总面积的 67.58%，两个美属海岛的国家公园面积占总面积的 0.03%，美国本土的国家公园面积占全美国家公园总面积的 32.40%，即美国本土国家公园面积仅占全美国土面积的 0.803%。

在美国本土的国家公园中，加利福尼亚州的国家公园面积占全美国家公园总面积的 10.32%，占美国本土国家公园面积的 31.88%。除加利福尼亚州外，美国本土国家公园面积占全美国家公园总面积超过 1% 的州共 7 个，分别是犹他州、得克萨斯州、佛罗里达州、蒙大拿州、亚利桑那州、怀俄明州和华盛顿州，这 7 个州的国家公园占全美国家公园总面积的 16.77%，占美国本土国家公园面积的 51.76%（见表 6-4）。

表 6-4 美国国家公园的数量和面积情况

序 号	州	数量（个）	面积（平方公里）	占全美国家公园总面积的比例（%）	占本土国家公园面积的比例（%）
1	缅因州	1	191.80	0.08	0.25
2	美属萨摩亚	1	36.40	0.02	—
3	犹他州	5	3393.20	1.43	4.40
4	南达科他州	2	1096.93	0.46	1.42
5	得克萨斯州	2	3591.20	1.51	4.66

续表

序　号	州	数量（个）	面积（平方公里）	占全美国家公园总面积的比例（%）	占本土国家公园面积的比例（%）
6	佛罗里达州	3	6631.60	2.79	8.61
7	科罗拉多州	4	1760.04	0.74	2.28
8	新墨西哥州	1	189.30	0.08	0.24
9	加利福尼亚州	9	24555.19	10.32	31.88
10	南卡罗来纳州	1	107.40	0.05	0.14
11	俄勒冈州	1	741.50	0.31	0.96
12	俄亥俄州	1	133.00	0.06	0.17
13	阿拉斯加州	8	160722.40	67.58	—
14	蒙大拿州	1	4101.80	1.72	5.32
15	亚利桑那州	3	5677.59	2.39	7.37
16	怀俄明州	2	9109.00	3.83	11.82
17	内华达州	1	312.40	0.13	0.40
18	田纳西州	1	2100.00	0.88	2.72
19	夏威夷州	2	1466.00	0.62	1.90
20	路易斯安那州	1	24.00	0.01	0.03
21	密歇根州	1	2314.00	0.97	3.00
22	肯塔基州	1	207.74	0.09	0.27
23	华盛顿州	3	7374.00	3.10	9.57
24	弗吉尼亚州	1	793.00	0.33	1.03
25	北达科他州	1	285.00	0.12	0.37
26	美属维尔京群岛	1	36.00	0.02	0.05
27	明尼苏达州	1	883.01	0.37	1.14
合计		59	237816.50	100.00	100.00

　　资料来源：国家林业局森林公园管理办公室、中南林业科技大学旅游学院编著《国家公园体制比较研究》，中国林业出版社，2015。

第二，截至 2007 年美国共有 575 处公园或地段被纳入美国国家公园体系，覆盖了美国 49 个州、哥伦比亚特区以及其他美属领地；美国国家公园体系的陆地面积为 33.99 万平方公里，占国土面积的 3.6%，水域面积为 1.8 万平方公里。

国家公园体系的突出特征是国家公园分布相对集中。从面积的角度，国家公园约 2/3 分布在阿拉斯加州，在美国本土中国家公园相对集中，主要分布在西部和南部，而东部、中东部，特别是东北部的大多数州没有建立国家公园。

三 美国国家公园的管理体系

（一）组织体系

美国的国家公园实行自上而下的垂直管理制度，分为国家、地区和公园三级。第一级是国家公园管理局，为内政部下属机构，成立于 1916 年，负责全国国家公园的管理、监督和政策制定等；第二级是跨州的 7 个地区局，作为国家公园的地区管理机构；第三级是国家公园园长，每座国家公园实行园长负责制，由园长负责公园的综合管理事务。国家公园所在地的地方政府无权干涉国家公园管理局的工作，治安也由国家公园管理局独立执行。在经营机制上，严格实行"管理与经营相分离"制度，奉行保护第一的原则，即国家公园自身不开展任何营利性的经营活动，专注于保护与管理，国家公园内的商业经营活动由特许经营的方式委托企业经营。

（二）资金体系

美国国家公园的资金来源为：联邦政府拨款、门票及其他收入和社会捐赠，其中，日常经费来源于政府拨款，通过每年每个国家公园管理局根据整个公园的状况向国会提交一份预算报告而实现。近年来，美国国会每年对国家公园的总拨款均超过 20 亿美元，其中 2/3 为工资支出。这既稳定了国家公园的资金来源，也使管理机构真正实现以保护为宗旨和保持非营利性。

第三节　生物多样性保护的方案和行动

一　生物多样性保护的重要性

生物多样性是用来描述地球上所有生命之间差异的术语，涵盖了地球上的所有生物，既包括科学已经认知的物种，也包括未识别的生物。生物多样性保护中面临的挑战是物种的消失和外来物种的入侵。

我国是世界上生物多样性最为丰富的 12 个国家之一。拥有森林、草原、荒漠、湿地等地球陆地生态系统和海洋生态系统；拥有高等植物 34984 种，居世界第三位；拥有脊椎动物 6445 种，占世界总种数的 13.7%；拥有已查明真菌种类 1 万多种，占世界总种数的 14%。同时，我国生物遗传资源丰富，据不完全统计，我国有栽培作物 1339 种，其野生近缘种达 1930 个，果树种类居世界第一。我国是世界上家养动物品种最丰富的国家之一，有家养动物品种 576 个。生物多样性保护的重要性可以概括为以下三点。

第一，维护生态系统平衡。所有的自然生物都是相互联系的，如果其中一些物种离开自然系统，就会导致一连串的崩溃反应，最终会毁掉我们人类。这种观点亦可表述为：一个富有捕食和被捕食者相互作用的复杂系统要比一个由少数草食动物支持的单一一种肉食动物的简单系统更加具有生命力，如果简单系统的食物链中某一链接出现问题，那么整个系统就将面临崩溃。

第二，保护物种基因库。丰富的生物多样性为人类提供丰富的新基因资源和药学资源，而目前已分析过的具有潜在重要性的医药化学品资源尚不到认知生物的5%，换句话说生物多样性保护的重要意义是保护基因库的价值。

第三，研发生物控制技术。随着人类面临着来自病菌和害虫的威胁日益增加，以及由于外来物种的大面积泛滥成灾，生物控制技术越来越重要；在人类目前尚无法预测究竟哪一个物种是生物控制所必需的背景下，保护生物多样性成为科学研究的基础。

不难发现，这些观点有着本质上的内在联系且是一种演进的逻辑，对生物多样性保护重要性认知的差异决定着保护的途径和政策的取向。

二 履行生物多样性保护公约

1993年，正式生效的《生物多样性公约》是世界各国保护生物多样性、可持续利用生物资源和公平地分享其惠益的承诺，开启了国际社会全面生物多样性保护的新阶段。以1994年原国家环境保护局会同相关部门发布了《中国生物多样性保护行动计划》为标志，我国政府全面推动的生物多样性保护行动随即开启，确定了当时中国生物多样性保护的总目标是"尽快采取有效措施以避免进一步的破坏，并使这一严峻的现状得到减轻或扭转"。

1995~2009年，中国政府先后发布的有关生物多样性保护的重要规划和纲要有：1997 年发布的《中国自然保护区发展规划纲要 （1996—2010 年)》、2000 年发布的《全国生态环境保护纲要》、2007 年发布的《全国生物物种资源保护与利用规划纲要》。相关行业主管部门也分别在自然保护区、湿地、水生生物、畜禽遗传资源保护等领域发布实施了一系列规划和计划。

此外，中国政府还发布了一系列生物多样性保护相关法律，主要包括《野生动物保护法》、《森林法》、《草原法》、《畜牧法》、《种子法》和《进出境动植物检疫法》等；颁布了一系列行政法规，包括《自然保护区条例》、《野生植物保护条例》、《农业转基因生物安全管理条例》、《濒危野生动植物管理条例》和《野生药材资源保护管理条例》等。相关行业主管部门和部分省级政府也制定了相应的规章、地方法律和规范。生物多样性保护法律体系初步建立。

三　生物多样性保护的新战略

2010 年，193 个国家和地区通过《2011—2020 年生物多样性战略计划》及《爱知生物多样性目标》，见表 6 - 5。联合国大会已宣布，2011～2020 年为"联合国生物多样性十年"。"联合国生物多样性十年"是支持和促进落实《2011—2020 年生物多样性战略计划》和《爱知生物多样性目标》的工具，它力促国家、政府、其他利益相关方的参与主动性，将与生物多样性相关的所有问题囊括进去，并渗透到更广泛的发展规划和经济活动。《爱知生物多样性目标》的主要内容是，在 2020 年之前，陆地生物资源保护区应达 17%、海洋达 10%，大幅度增加用于生物资源保护的政府及民间资金等。联合国大会和里约 + 20 峰会上重申了生物多样性战略计划和目标。

表 6 - 5　《爱知生物多样性目标》的构成和具体内容

序　号	指标关键词	具体内容
1	生物多样性保护的主流化	最迟到 2020 年，人类将意识到生物多样性的价值以及他们为保护和可持续利用生物多样性所能采取的措施。
2	融入发展和减贫战略	最迟到 2020 年，把生物多样性价值融入国家/地方发展和减贫战略以及规划流程，同时酌情将生物多样性价值纳入国家核算体系和报告系统。
3	激励机制	最迟到 2020 年，摒弃、逐步淘汰或改良危害生物多样性的激励措施（包括补贴），以尽量减少或避免不利影响。制定和实施有利于生物多样性保护和可持续利用的积极激励措施，这些措施基于对国家政治经济状况的考量，且与《生物多样性公约》和其他相关的国际条约协调一致。
4	可持续生产和消费计划	最迟到 2020 年，各级政府、企业和有关利益相关方采取措施实现或实施可持续生产和消费计划，并已将由于利用自然资源而产生的影响控制在生态安全范围之内。
5	使所有自然生境（包括森林）的丧失至少减少一半	到 2020 年，包括森林在内的所有自然生境的丧失速度至少降低一半，可能的话，降低至零；自然生境的退化和支离破碎显著减少。
6	鱼类、无脊椎动物和水生植物的可持续管理	到 2020 年，采取生态系统办法，可持续、合法地管理和获取各种鱼类、无脊椎动物和水生植物，以实现如下目标：避免过度捕捞，针对所有遗存物种采取恢复计划和措施，确保渔业不会对濒危物种和脆弱的生态系统产生重大不利影响，以及确保渔业对种群、物种和生态系统的影响在生态安全范围之内。
7	农业生物多样性管理	到 2020 年，可持续性地管理农业区、水产养殖区和林区，确保生物多样性不丧失。
8	减少污染包括富营养化造成的污染	到 2020 年，污染（包括由养分过剩导致的污染）得到有效控制，对生态系统功能和生物多样性无害。
9	外来物种入侵的管理	到 2020 年，发现并区分外来入侵物种及其传播途径，控制或根除先锋物种，并采取措施管理外来入侵物种的传播途径以防止它们的引入和繁殖。

续表

序　号	指标关键词	具体内容
10	减少气候变化和海洋酸化对珊瑚礁和其他脆弱生态系统的多重压力	到2015年，尽量减轻人类活动对珊瑚礁和受气候变化或海洋酸化影响而变得脆弱的其他生态系统造成的各种影响，以保持它们的完整性和功能。
11	陆地和沿海及海洋保护区	到2020年，通过建设得到公平有效管理和有效联结的典型生态保护区系统以及采取其他区域性保护措施，保护至少17%的陆地和内陆水域及至少10%的沿海和海洋区域，尤其是对于生物多样性和生态系统服务意义重大的区域；并将这些保护区融入更广阔的陆地景观和海景中。
12	濒危物种保护	到2020年，避免已知濒危物种的灭绝，改善和维持濒危物种的保护地位，尤其是衰退最严重的物种。
13	经济和文化价值物种保护	到2020年，维持栽培植物、牲畜和驯养动物、野生亲缘品种以及其他具有社会经济价值和文化价值的物种的遗传多样性，制定和执行相关战略以尽量减少遗传退化并维持遗传多样性。
14	生态系统与弱势群体	到2020年，修复和保护提供重要服务（包括与水有关的服务）以及为人们的健康、生计和福祉做出贡献的生态系统，并充分考虑妇女、土著和地方社区以及穷人和弱势群体的需求。
15	提高生态系统的恢复能力	到2020年，通过采取保护和恢复措施提高生态系统复原能力以及生物多样性对碳储量的贡献，包括修复至少15%的退化生态系统，并为缓解和适应气候变化以及防治荒漠化做出贡献。
16	遗传资源的获取和惠益分享	到2015年，《遗传资源的获取以及对遗传资源的利用所产生惠益公平公正分享问题名古屋议定书》生效，并在与相关国家法律保持一致的基础上付诸执行。
17	生物多样性战略和行动计划	到2015年，各缔约方已制定和通过有效的、参与性的和更新的《国家生物多样性战略和行动计划》，将其作为一项政策工具并开始执行《国家生物多样性战略和行动计划》。

序 号	指标关键词	具体内容
18	当地参与与生物多样性保护	到2020年，在所有相关的层级，土著和地方社区有关保护和可持续利用生物多样性的传统知识、创新和做法以及这些社区对生物资源的习惯使用受到推崇；同时，它们应当遵循国家立法和相关的国际义务，并被完全纳入并体现在《生物多样性公约》的执行过程中，而土著和地方社区能充分有效地参与该执行过程。
19	知识的共享与传播	到2020年，加强、广泛共享、传播和应用以下方面的知识、科学基础和技术：生物多样性及其价值、功能、状态和趋势以及因其丧失而造成的后果。
20	融资	最迟到2020年，与目前的水平相比，为有效执行《2011—2020年生物多样性战略计划》而从各种来源调动的金融资源得到大幅增长，且这种资源调动符合《资源调动战略》中统一认可的流程。此目标可能将发生变化，变化取决于各缔约方即将编写和报告的资源需求评估。

资料来源：根据徐海根等《2020年全球生物多样性目标解读及其评估指标探讨》整理。

2010年，我国环保部会同20多个部门和单位编制了《中国生物多样性保护战略与行动计划》（2011—2030年），提出将"加强生物多样性就地保护"列为一个优先领域，强调了挖掘陆地生态系统的知识对于保护和可持续的生计至关重要；确定到2015年的近期目标、到2020年的中期目标和到2030年的远景目标，目标可以分解为：生物多样性监测与政策法规、自然保护区建设、生物多样性丧失的控制、生物多样性的管理政策与制度、共享与公众参与5个指标维度（见表6-6）。

2015年以来中国政府进一步采取了重要的环保举措，包括：要求制订生态和生物多样性状况的"红线"；确定了红色清单，并已经于2015年5月22日国际生物多样性日的纪念大会上正式公布（见专栏6-1）。我国在9个试点省份开展了国家公园体制试点工

作，包括：2015 年开展的大熊猫、亚洲象、东北虎豹、藏羚羊 4
个重点物种的国家公园建设试点，已通过中央全面深化改革领导
小组批准的青海三江源国家公园。

表 6-6　生物多样性保护的近期、中期和远景目标

指标维度	近期目标 （到 2015 年）	中期目标 （到 2020 年）	远景目标 （到 2030 年）
生物多样性监测与政策法规	完成 8～10 个生物多样性保护优先区域的本地调查与评估，并实施有效监控	生物多样性保护优先区域的本地调查与评估全面完成，并实施有效监控	形成完善的生物多样性保护政策法律体系和生物资源可持续利用机制
自然保护区建设	加强就地保护，陆地自然保护区总面积占陆地国土面积的比例维持在 15% 左右，使 90% 的国家重点保护物种和典型生态系统类型得到保护； 合理开展迁地保护，使 80% 以上的就地保护能力不足和野外现存种群量极小的受威胁物种得到有效保护	基本建成布局合理、功能完善的自然保护区体系，国家级自然保护区功能稳定，主要保护对象得到有效保护	各类保护区域数量和面积达到合理水平，生态系统、物种和遗传多样性得到有效保护
生物多样性丧失的控制		努力使生物多样性的丧失与流失得到基本控制	使生物多样性得到切实保护
生物多样性的管理政策与制度	初步建立生物多样性监测、评估与预警体系及生物物种资源出入境管理制度	完善生物多样性监测、评估与预警体系及生物物种资源出入境管理制度	形成完善的生物多样性保护政策法律体系和生物资源可持续利用机制
共享与公众参与	初步建立生物遗传资源获取与惠益共享制度	生物多样性惠益共享制度得到完善	保护生物多样性成为公众的自觉行动

资料来源：环境保护部《关于印发〈中国生物多样性保护战略与行动计划〉（2011—2030 年）的通知》（环发〔2010〕106 号），http：//www.zhb.gov.cn/gkml/hbb/bwj/201009/t20100921_194841.htm，2010 年 9 月 17 日。

专栏 6 - 1 中国生物多样性红色名录 ························

"红色名录"由环境保护部联合中国科学院，在 2008 年启动编制，历时 5 年，全国 500 多位相关领域专家参与，目前已完成了高等植物卷和脊椎动物卷，是迄今为止评估对象最广、信息最全、参与专家人数最多的一次评估，旨在全面掌握我国生物多样性受威胁状况，提高生物多样性保护工作的科学性和有效性。

高等植物卷评估结果显示：我国 34450 种高等植物中，已有 27 种灭绝（EX），10 种野外灭绝（EW），15 种区域灭绝（RE）。受威胁物种共计 3767 种，约占评估物种总数的 11%。其中，583 种极危（CR），1297 种濒危（EN），1887 种易危（VU）。受威胁比例最高的类群为裸子植物，高达 51%。中国特有植物 17700 种，受威胁率高达 65.4%。

脊椎动物卷评估结果显示，我国除海洋鱼类外的 4357 种脊椎动物中，已有 4 种灭绝（EX），3 种野外灭绝（EW），10 种区域灭绝（RE）。受威胁物种共计 932 种，约占评估物种总数的 21.4%。其中，185 种极危（CR），288 种濒危（EN），459 种易危（VU）。受威胁比例最高的类群为两栖动物，高达 43.1%。中国特有动物 1598 种，受威胁率达 30.6%。

通过"红色名录"的评估与分析，得出物种濒危的影响因素主要有：①生境退化或丧失；②直接采挖或砍伐；③环境污染；④自然灾害；⑤物种内在因素；⑥种间影响。其中，人类活动导致的生境破坏是造成物种濒危最主要的原因。

························

资料来源：中华环保联合会：《中国生物多样性红色名录正式发布》，中华环保联合会网站，http：//www.acef.com.cn/news/lhhdt/2015/0526/18593.html，2015 年 5 月 26 日。

第七章 主要结论与前景展望

本章主要以前述各章为基础，提炼本书的主要结论并展望中国加强落实可持续发展目标（SDGs）的前景，包括两节。第一节是主要结论，概括为：①以定量刻画我国的森林生态系统、草原生态系统、土地退化与荒漠化、湿地生态系统和生物多样性保护为基础，概括近几十年我国各陆地生态系统变化的特征为：中国陆地生态系统质量呈现表面上总体向好态势，但保护与恢复的压力依然很大；②以梳理我国陆地生态系统保护中实施的可持续管理政策和采取的举措为基础，评述中国的经验与挑战为：已经建立健全的法律法规体系与尚待完善和提高可操作性并存，政府主导的重要作用与利益相关方参与不足并存，生态保护项目的重要性与制度化的难题并存，陆地生态系统保护与可持续管理监测体系的陆续建立与仍待完善并存；③以分析中国分省份和全世界国家与地区森林生态系统的面板数据为基础，提出应重视森林覆盖率水平与自然地理禀赋的相匹配性。第二节是中国加强落实 SDGs 的前景展望，从三方面入手分析：中国陆地生态系统保护目标与 SDGs 的高度一致性；中国陆地生态系统保护中实现 SDGs 的难点与差距；中国陆地生态系统保护与加强落实 SDGs 的努力方向。

第一节　主要结论

一　中国陆地生态系统质量呈现表面上总体向好态势

在 SDGs 框架的陆地生态系统保护总目标下，通过分析可量化指标可以发现：中国森林覆盖率持续增加、草原生态系统出现恢复态势、土地荒漠化和沙化面积持续扩展的趋势得以扭转；基于中国陆地生态系统主要由森林、草原和荒漠构成，可以判断中国陆地生态系统质量呈现表面上总体向好态势。

第一，1984～2015 年，全国森林覆盖率由 12.98% 增加到 21.63%，而且呈现全国和各省份均持续增加的趋势，这一成效的取得得益于我国森林生态系统保护与可持续管理中的重要举措，即实现了 SDGs 提出的 "可持续管理下的森林覆盖和净永久性森林丧失下降" 的目标。

第二，易退化性是草原生态系统的突出经济特性之一，其主要表现是草原植被退化。我国草原生态系统自 20 世纪 80 年代起曾长期处于 "面上退化、点上好转" 的状态，但这一窘境在最近 5 年出现转机，从产草量和综合植被覆盖度的变化判断，我国草原生态系统呈现恢复的态势，其中，2011～2015 年，我国草原综合植被盖度由 51.0% 提高到 54.0%，2009 年以来我国草地等级总体水平在提高。

第三，我国是世界上荒漠化和沙化最严重的国家之一，在 20 世纪 50 年代至 90 年代末期的 40 多年间，中国土地荒漠化和沙化呈现加剧态势。其中，20 世纪 50～70 年代，沙化土地平均每年扩展约 1500 平方公里；20 世纪 80 年代，平均每年扩展约 2100 平方公里；20 世纪 90 年代初期和末期，沙化土地平均每年扩展约 2460 平方公里和 3436 平方公里。进入 21 世纪，我国曾经持续了几十年的荒漠化和沙化土地扩展态势出现扭转。

二　中国陆地生态系统保护和恢复的压力依然很大

中国陆地生态系统保护和恢复的压力表现为四个方面：土地荒漠化缩减仍很脆弱和不稳定；草原退化局面没有彻底扭转，草畜平衡管理的难点有待突破；湿地生态系统面临面积缩减和湿地缺水的挑战；以自然保护区为管理策略的生物多样性保护亟待完善。

第一，土地荒漠化缩减仍很脆弱和不稳定。气候变化和利用方式决定的土地退化和荒漠化，在全球气候变化加剧和土地人口承载压力较大的背景下，尽管 2000 年以来我国的土地荒漠化和沙化面积扩展的态势得以扭转，但具有可比性的 3 个周期的监测数据显示：在荒漠化和沙化集中分布的新疆、内蒙古、西藏、甘肃、青海 5 个省份中，青海、西藏的荒漠化面积呈现波动下降的趋势，新疆的沙化面积呈现增加的趋势，内蒙古、甘肃呈现波动趋势。由此，土地荒漠化缩减的脆弱性和不稳定性可见一斑。

第二，草原退化局面没有彻底扭转，草畜平衡管理的难点有待突破。尽管全国重点天然草原平均牲畜超载率从 2008 年的 32% 下降到 2015 年的 13.5%，但局部性和季节性的超载问题始终存在。根本的原因是，草地生产力是随着水热条件变化而变化的一个动态过程，因此放牧畜牧业生产存在很大的季节性和跨年度的波动性，使按照年度制定的草畜平衡管理方案虽具有战略意义，但可操作性受到挑战，即按照经济统计尺度核定的草畜平衡固定数值必定会出现一些年度过牧、一些年度利用不足的现象，无法实现草畜平衡管理的目标。由草畜平衡管理向草原生态系统健康管理是破解这一困境的方向。

第三，湿地生态系统面临面积缩减和湿地缺水的挑战。具体问题有：面积减少、湿地缺水、水体自净能力下降和富营养化、河流污染严重。2013年与2003年相比，我国共减少湿地面积5064万亩。

第四，以自然保护区为管理策略的生物多样性保护亟待完善。综观美国国家公园体系，其突出特征是分布集中和管理有序。美国国家公园的面积中约2/3分布在阿拉斯加州，1/3分布在美国本土；在美国本土的国家公园主要分布在西部和南部，而东部和中部，特别是东北部的大多数州没有建立国家公园。我国的自然保护区尽管从面积判断也具有相对集中的特征，但是，每个省份都有自然保护区分布，而且还有大量的省地县级自然保护区，一些省地县级自然保护区存在资金投入不足、管理能力薄弱、保护与当地经济和周边社区发展矛盾突出的问题。

三 中国陆地生态系统可持续管理的经验与挑战并存

通过梳理中国陆地生态系统可持续管理的进展，其经验和挑战可以概括为五点：①已经建立健全的法律法规体系与尚待完善和提高可操作性并存；②政府主导的重要作用与利益相关方参与不足并存；③生态保护项目的重要性与制度化的难题并存；④陆地生态系统保护与可持续管理监测体系的陆续建立与仍待完善并存。

　　第一，已经建立与健全的法律法规体系与尚待完善和提高可操作性并存。自 20 世纪 80 年代起，我国不断出台与修订包括《森林法》、《草原法》、《野生动物保护法》、《环境保护法》和《退耕还林条例》等一揽子自然资源与环境保护的法律法规，构建起陆地生态系统保护和可持续管理的法律法规体系。与此同时，伴随着保护与可持续管理的新问题，法律法规尚待完善与细化，例如，就湿地生态系统保护而言，尽管目前大多数省份出台了省级湿地保护条例，但国家湿地保护条例尚未出台，一些地方法规条例的可操作性有待加强。

　　第二，政府主导的重要作用与利益相关方参与不足并存。政府在我国陆地生态系统保护与可持续管理方面发挥着重要的作用，例如，政府主导持续投入和推进的六大林业生态建设工程，在我国森林生态系统的保护、土地荒漠化和沙化的制止等方面发挥着重要且不可替代的作用，这是我国制度优势的体现，亦为国际社会提供了可借鉴的经验。但在政府发挥主导作用的同时，存在利益相关方参与不足的弊端，影响政府投入的效率和项目实施的效果。例如，在草原生态系统保护与放牧场利用过程中，存在政府主导制定草畜平衡标准并且实施牧户生态保护补助奖励，而牧户和社区等利益相关方没有积极地参与，导致实践中监管存在难题，并且存在激励不足或激励过度的现象，这挑战了中国生态保护政策的公平性与有效性。

　　第三，生态保护项目的重要性与制度化的难题并存。在改革开放的 30 多年间，我国实施了一系列生态保护项目，为实现陆地生态系统质量表面上总体向好的态势发挥了至关重要的作用，相继建立起三北办、退耕办、防沙治沙办、湿地办等一批生态建设项目的体制内管理机构，使生态系统保护项目的可持续性增强。与此同时，如何实现从项目到制度的转变成为我国陆地生态系统保护和可持续管理的一个关键制约因素。例如，2011 年开始实施的草原生态保护补助奖励，到 2016 年已经开始实施新一轮的政策，但由于没有成熟经验可借鉴，在实施中面临不少操作难点；同样，2014 年开始建立的退耕还湿生态效益补偿的试点，几乎承载着湿地生态系统管理中的全部理想，过重的责任定会加大政策执行的成本和偏差，总体上看我国制度化的生态补偿机制仍在探索和建立之中。

第四，陆地生态系统保护与可持续管理监测体系的陆续建立与仍待完善并存。监测既是科研工作，更是管理中的基础性工作。不具有准确性和可比性的生态系统变化监测数据，陆地生态系统状况及保护与可持续管理的效果就无从判断。已经初步建立起来的监测体系，为我国陆地生态系统变化与可持续管理提供了重要数据和决策依据，包括自 20 世纪 80 年代起建立的森林资源清查体系、2000 年起建立的土地荒漠化和沙化监测体系、近 10 年公布的《全国草原监测报告》、2003 年和 2013 年完成的两次全国湿地调查、2015 年发布的《中国生物多样性红色名录》。但是，目前草原生态系统质量、湿地生态系统变化和生物多样性的监测仍不够健全，面临的挑战是：尽管在科学实地考察、定位定点观测中有横向或纵向数据和资料，但是仍需拓展可持续管理的层面；由于尚未建立起相应的监测体系，仍不能够提供具有科学性和可比性的数据，制约着保护和可持续管理的决策；在生态文明战略布局下彰显出建立和完善监测体系的紧迫性。

四　应重视森林覆盖率水平与自然地理禀赋的相匹配性

通过分析我国各省份、世界发达经济体及"一带一路"国家和地区森林覆盖率的面板数据，我们发现：森林覆盖率水平和增长的根本制约因素是自然地理禀赋。其政策含义是：对森林覆盖率指标的最重要判断是其变化趋势而非比较绝对值，即当森林覆盖率与自然地理禀赋相匹配时，可持续管理的政策方向是森林覆盖率长期稳定而非长期增长。其主要依据有三。第一，利用我国各省份森林覆盖率与增长率面板数据的回归分析可以看到，森林覆盖率与其增长率之间的相关性总体呈现负向变动，即森林覆盖率低的省份增长率更高些。第二，发达经济体的森林覆盖率以持续稳定为基本特征，例如，OECD 国家和地区森林覆盖率的变化特点是增长型居多且波动幅度小，其中 14 个国家（按增长幅度从高到低的顺序依次为：英国、美国、斯洛文尼亚、丹麦、以色列、比利时、荷兰、捷克、斯洛伐克、瑞典、德国、日本、冰岛和新西兰）的增长幅度在 1% 以内。第三，"一带一路"国家和地区中包括亚欧大陆气候干旱地带的国家，因为处于干旱荒漠区的国家占比高而呈现森林覆盖率较低的国家占比高的特征。

第二节　中国加强落实 SDGs 的前景展望

一　中国陆地生态系统保护目标与 SDGs 的高度一致性

2015 年发布的《中共中央国务院关于加快推进生态文明建设的意见》，明确提出了 2020 年陆地生态系统保护的具体目标，包括：森林覆盖率达到 23% 以上，草原综合植被覆盖度达到 56%，湿地面积不低于 8 亿亩，50% 以上可治理沙化土地得到治理，生物多样性丧失速度得到基本控制，全国生态系统稳定性明显增强。这一目标体系与同年联合国发布的《2030 年可持续发展议程》中提出的"保护、恢复和促进可持续利用陆地生态系统，可持续地管理森林，防治荒漠化，制止和扭转土地退化，遏制生物多样性的丧失"具有高度一致性，为我国加强落实 SDGs 提供了难得的机遇。

二 中国陆地生态系统保护中实现 SDGs 的难点与差距

中国陆地生态系统保护中实现 SDGs 的难点和差距为土地退化、养护山区生态系统和生物多样性保护。

第一，实现防治土地退化目标是难点。SDGs 提出："到 2030 年，防治荒漠化，恢复退化的土地和土壤，包括恢复受荒漠化、干旱和洪涝影响的土地，努力建立一个不再发生土地退化的世界。"尽管我国持续努力恢复退化土地，但中国的典型季风气候特征以及近期的全球气候变化加剧，以及中国以灌溉为主的农业生产体系，到 2030 年"建立一个不再发生土地退化的中国"仍然是不够现实的目标，为此需要尽快建立起恢复受干旱和洪涝影响的土地的风险应对机制。据相关研究显示，[①] 中国荒漠化面积（332 万平方公里）中超过 262 万平方公里[②]归属联合国防治荒漠化公约定义

---

① 王国倩等：《中国的荒漠化及其防治策略》（英文），《Journal of Resources and Ecology》2012 年第 2 期。

② 另据刘拓《我国荒漠化防治现状及对策》，《发展研究》2009 年第 3 期的数据：我国荒漠化面积 263.6 万平方公里，占国土总面积 27.46%。

的"荒漠化土地";中国荒漠化面积的治理和修复需要 45~70 年之久,2015~2030 年能够治理和修复荒漠化面积为 33 万平方公里,占荒漠化土地面积的 12.6%。

第二,养护山地生态系统的差距。SDGs 提出"到 2030 年,养护山地生态系统,包括其生物多样性,以便提高它们产生可持续发展不可或缺的相关惠益的能力",具体判断指标为:山区生物多样性重要场地的保护面积的覆盖和山区绿化覆盖率。在我国现行的陆地生态系统保护行动中,尽管在山区实施的生态建设和恢复项目不在少数,但由于缺乏瞄准山区的目标,存在先易后难的操作顺序。为此,我国需要以落实 SDGs 为契机,制定"养护山地生态系统"的战略和举措。

第三,生物多样性保护的差距。对照 SDGs 中关于生物多样性保护的目标和具体指标,尽管我国近些年采取了一些重大行动来减少自然生境的退化,并于 2015 年公布了《生物多样性红色名录》,但离实现"到 2020 年阻止生物多样性和物种的丧失"的目标仍有差距。同时,我国在"制止偷猎和贩运受保护的动植物物种、采取措施防止引进外来入侵物种"等目标的实施中仍面临挑战。

三　中国陆地生态系统保护与加强落实 SDGs 的努力方向

经过几十年的努力,中国陆地生态系统保护与可持续管理取得了令人鼓舞的成效。其间,政府的主导作用、项目和工程措施(如植树造林运动和林业重大生态工程)、财政资金支持等发挥了举足轻重的作用,这在我国未来的陆地生态系统保护和实现 SDGs 目标中将一如既往地处于主导地位。与此同时,为了攻克难点与弥补差距，随着对陆地生态系统研究的深入，提出保护我国陆地生态系统与落实 SDGs 的方向是：重视陆地生态系统保护中的项目保护与自然生态系统恢复相配合；重视陆地生态系统与人类福利的关系及利益相关方的参与；重视陆地生态系统保护与地方发展战略的融合。

第一，重视陆地生态系统保护中的项目保护与自然生态系统恢复相配合。这意味着在我国的陆地生态系统保护中不仅要重视项目和工程措施，而且要重视借助自然恢复力实现保护与生态系统恢复。例如，草原生态系统保护中坚持"生态优先"原则，加强湿地生态系统保护中自然恢复的作用。这意味着要适当放弃当前的利用方式和利益格局，取而代之的是借助自然之力、顺应生态规律来实现保护目标。这意味着我国土地退化和荒漠化地区的发展和减缓贫困战略的重大调整，即当地的人口需要从生态系统保护和恢复中获得公平的收益和发展的机会，以生态系统功能及其基础上的服务价值获得再分配的回报，实现摆脱贫困和奔向小康的目标。

第二，重视陆地生态系统与人类福利关系及利益相关方的参与。根据生态系统经济学研究的最新进展，良好功能的生态系统和人类福利的相关性及生态系统在支持和维护人类福利方面的作用变得清晰。为此，生态系统保护与可持续管理需要建立在对生态系统和生物多样性变化规律的准确认识和深入理解的基础上，特别是需要进一步理解生态系统的时间和空间尺度变化与人类社会经济发展变化的匹配性，这一过程需要包括政府、社区、企业家、科学工作者、居民等众多利益相关方的参与。

第三，重视陆地生态保护与当地发展战略的融合。2009 年，联合国环境规划署提出了"生态系统和生物多样性经济学"（The Economics of Ecosystem and Biodiversity，TEEB）全球倡议计划，倡导重新认识自然资产对可持续发展的贡献，对包括森林、草原、湿地、水资源和其他生态系统在内的自然资产进行定价，并给予资金投入以防止生态系统功能退化和生物多样性的丧失。由此，生态系统的研究从科学家专业视角进入经济、社会、政治等广泛领域，生态系统保护从科学价值拓展到改善人类福祉的价值，这为制定和实施陆地生态系统保护与当地发展融合战略奠定了重要的理论基础。由此，陆地生态系统保护和生态资产价值将在提升当地社区居民生计中发挥日益重要的作用，包括土地退化与反贫困战略的融合、生态系统服务与山区发展战略融合等。以陆地生态系统保护和可持续管理为基石的地方社会经济可持续发展战略必将具有持久的生命力。

参考文献

［1］ Mark B. Bush：《生态学——关于变化中的选择》，刘雪华译，清华大学出版社，2007。

［2］〔美〕埃丽诺·奥斯特罗姆：《公共资源的未来：超越市场失灵和政府管制》，郭冠清译，中国人民大学出版社，2015。

［3］《中国自然保护纲要》编写委员会编《中国自然保护纲要》，中国环境科学出版社，1987。

［4］ 世界环境与发展委员会编著《我们共同的未来》，世界知识出版社，1989。

［5］《中国21世纪议程——中国21世纪人口、环境与发展白皮书》，中国环境科学出版社，1994。

［6］ 中国社会科学院农村发展研究所、国家统计局农村社会经济调查司：《中国农村经济形势分析与预测（2012~2013）》，社会科学文献出版社，2013。

［7］ 侯向阳主编《中国草原科学》（上、下册），科学出版社，2013。

［8］ 赵树丛主编《2013林业重大问题调查研究报告》，中国林业出版社，2014。

［9］ 李周、孙若梅：《中国生态安全评论》（第一卷），金城出版社、社会科学文献出版社，2014。

［10］ 李周等：《生态经济学》，中国社会科学出版社，2015。

［11］ 国家林业局森林公园管理办公室、中南林业科技大学旅游学院编著《国家公园体制比较研究》，中国林业出版社，2015。

［12］ 李俊生等编著《中国自然保护区绿皮书——国家级自然保护区发展报告（2014）》，中国环境出版社，2015。

［13］ Brendan Fisher, Stephen Polasky, Thomas Sterner, "Conservation and Human Welfare: Economic Analysis of Ecosystem Services," *Environmental and Resource Economics* 48（2011）：151 – 159.

［14］ Costanza, R., et al., "The Value of the World's Ecosystem Services and Natural Capital," *Nature* 387（1997）.

［15］ Costanza, R., et al., "Changes in the Global Value of Ecosystem Services," *Global Environmental Change* 26（2014）：152 – 158.

［16］ Herman Daly, "A Further Critique of Growth Economics," *Ecological Economics* 88（2013）：20 – 24.

［17］ Katharine R. E. Sims, "Conservation and Development: Evidence from Thai Protected Areas," *Journal of Environmental Economics and Management* 60（2010）：94 – 114.

［18］ Kathleen Mcafee, "Nature in the Market – World: Ecosystem Services and Inequality," *Development*（2012）.

［19］ Partha Dasgupta, "20th Anniversary of EAERE: The European Association of Environmental and Resource Economists," *Environmental and Resource Economics* 46（2010）：135 – 137.

［20］ Costanza, Robert, *Building a Sustainable and Desirable Economy – in – Society – in Nature: Report to the United Nations for the 2012 Rio + 20 Conference*（ANU E Press, 2013）, pp. 126 – 142.

索　引

图书在版编目（CIP）数据

陆地生态系统保护与可持续管理 / 孙若梅著 . --北
京：社会科学文献出版社，2017.11
（2030 年可持续发展议程研究书系）
ISBN 978 - 7 - 5201 - 0474 - 6

Ⅰ.①陆⋯　Ⅱ.①孙⋯　Ⅲ.①陆地 - 生态系 - 研究
Ⅳ.①P9

中国版本图书馆 CIP 数据核字（2017）第 047302 号

· 2030 年可持续发展议程研究书系·
陆地生态系统保护与可持续管理

著　　者 / 孙若梅

出 版 人 / 谢寿光
项目统筹 / 恽　薇　陈凤玲
责任编辑 / 陈凤玲　关少华

出　　版 / 社会科学文献出版社·经济与管理分社 （010）59367226
　　　　　　地址：北京市北三环中路甲 29 号院华龙大厦　邮编：100029
　　　　　　网址：www. ssap. com. cn
发　　行 / 市场营销中心 （010）59367081　59367018
印　　装 / 北京季蜂印刷有限公司

规　　格 / 开　本：787mm × 1092mm　1/16
　　　　　　印　张：10.5　字　数：120 千字
版　　次 / 2017 年 11 月第 1 版　2017 年 11 月第 1 次印刷
书　　号 / ISBN 978 - 7 - 5201 - 0474 - 6
定　　价 / 68.00 元